Tiburones

Claudio Barría Oyarzo
y Ana Colmenero Ginés

 CSIC

CATARATA

Colección ¿Qué sabemos de?

Catálogo de Publicaciones de la Administración General del Estado:
https://cpage.mpr.gob.es

 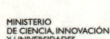 

© Claudio Barría Oyarzo y Ana Colmenero Ginés, 2025
© CSIC, 2025
http://editorial.csic.es
editorialcsic@csic.es
© Los Libros de la Catarata, 2025
Zurbano, 76
28010 Madrid
Tel. 91 532 20 77
www.catarata.org

ISBN (CSIC): 978-84-00-11528-9
ISBN ELECTRÓNICO (CSIC): 978-84-00-11529-6
ISBN (CATARATA): 978-84-1067-467-7
ISBN ELECTRÓNICO (CATARATA): 978-84-1067-468-4
NIPO: 155-25-175-8
NIPO ELECTRÓNICO: 155-25-176-3
DEPÓSITO LEGAL: M-24373-2025
THEMA: PDZ/PS/WNCS

RESERVADOS TODOS LOS DERECHOS POR LA LEGISLACIÓN EN MATERIA DE PROPIEDAD
INTELECTUAL. NI LA TOTALIDAD NI PARTE DE ESTE LIBRO, INCLUIDO EL DISEÑO DE LA
CUBIERTA, PUEDE REPRODUCIRSE, ALMACENARSE O TRANSMITIRSE EN MANERA ALGUNA
POR MEDIO YA SEA ELECTRÓNICO, QUÍMICO, ÓPTICO, INFORMÁTICO, DE GRABACIÓN O DE
FOTOCOPIA, SIN PERMISO PREVIO POR ESCRITO DEL CONSEJO SUPERIOR DE INVESTIGA-
CIONES CIENTÍFICAS Y LOS LIBROS DE LA CATARATA. LAS NOTICIAS, LOS ASERTOS Y LAS
OPINIONES CONTENIDOS EN ESTA OBRA SON DE LA EXCLUSIVA RESPONSABILIDAD DEL AUTOR
O AUTORES. EL CONSEJO SUPERIOR DE INVESTIGACIONES CIENTÍFICAS Y LOS LIBROS DE LA
CATARATA, POR SU PARTE, SOLO SE HACEN RESPONSABLES DEL INTERÉS CIENTÍFICO DE
SUS PUBLICACIONES.

Índice

Introducción

Cuando nos propusieron escribir un libro sobre tiburones, la verdad es que nos hizo mucha ilusión. Sin embargo, al decirnos que tenía que ser un libro divulgativo, hemos de admitir que nuestras caras cambiaron un poco. No solo teníamos que transmitir lo que sabíamos, sino hacerlo de una manera amena y entendible para todos, y esto, a veces, a los científicos nos cuesta un poco.

Hace mucho tiempo, cuando éramos pequeños y teníamos la capacidad de imaginar y concebir nuestro mundo conforme a nuestros infantiles intereses, lo llenamos de seres extraordinarios y fantásticos: amigos invisibles, hadas, dinosaurios, monstruos que aparecían y desaparecían en la oscuridad, Papá Noel, el Ratoncito Pérez y también de tiburones. La fascinación por los seres imaginarios y las criaturas reales, pero muy diferentes a nosotros, nos daba una perspectiva nueva del mundo que nos íbamos creando a medida que crecíamos y nos preparaba para lo que estaba por venir. Conforme nos adentrábamos en conceptos más racionales, nos dimos cuenta de que algunos de estos seres fantásticos no eran más que productos de nuestra infancia, fomentados muchas veces por el deseo de nuestros progenitores de vernos esperanzados y curiosos. Descubrimos que los dinosaurios ya no existían, que se habían extinguido, que los monstruos de la noche no eran más que miedo, el singular miedo a lo desconocido. Pero ¿los tiburones? Esos sí que existían. Ahora que ya hemos crecido, conocemos mejor lo que nos rodea, la tierra, las ciudades y los campos. Sin embargo, el mar, esa inmensa masa de agua que se extiende más allá de nuestros ojos, todavía permanece de algún modo cubierto bajo ese halo de misterio y fascinación que desprende todo aquello que se oculta a nuestra mirada, incluidas las criaturas que habitan en cada rincón de su enigmática geografía. En especial, por supuesto, los tiburones, que llevan millones de años viviendo en ese mar al que en ocasiones damos la espalda. No los vemos, pero de vez en cuando, como un eco, nos llegan noticias de alguno de ellos y nos recuerdan que siguen ahí.

Al temor a lo desconocido, ese miedo fundamental que por sí solo ya provoca un poco de neuroticismo, se han venido añadiendo titulares de medios sensacionalistas que entregan una visión sesgada o directamente falsa de estos maravillosos animales. De tal manera, lo que nos emocionó cuando éramos niños ahora, de adultos, gracias a esta falsificación de la realidad, ya no solo por parte de los periódicos y de las películas, sino de las redes sociales, nos ha trasformado en unas criaturas aprensivas que al escuchar la palabra *tiburón* nos encorsetamos en una alerta solemne y contagiosa. Y si va acompañada de un *in crescendo* de las notas mi fa, que John Williams creó para la película *Tiburón*, pensaremos que será el propio tiburón el que abra la puerta y nos meriende de una dentellada.

En el miedo a lo desconocido subyace precisamente el temerle a algo por no tener la suficiente información, lo que conduce a incertidumbre y, de ahí, en un segundo se pasa al pánico. Pero esto tiene arreglo, se soluciona o debiera solucionarse con información de calidad, con educación, con conocimiento. Así se acabó con la caza de brujas y con muchas otras leyendas.

A pesar de lo que nos han contado muchos medios y algún que otro "cuñado", los tiburones no van matando personas por placer ni salen del agua a comer bañistas. Al contrario, los tiburones son parte importante del ecosistema; tienen diferentes roles en las cadenas alimentarias y además son muy útiles para el ser humano, pues forman parte de varios servicios ecosistémicos.

Los tiburones son un grupo muy diverso, los podemos encontrar en todos los mares del mundo y también en otros lugares, pero no vamos a hacer *spoiler*. Son un grupo de peces que está bajo un alto grado de amenaza y es momento de trabajar para recuperar sus poblaciones, no solo desde la investigación, sino también desde la divulgación.

Este libro pretende ofrecer información básica para conocer y acercarnos a uno de los grupos de animales marinos más maravillosos y menos comprendidos del mundo. De ninguna manera pretende ser un texto técnico lleno de palabras ininteligibles, aunque sí lo suficientemente riguroso desde el punto de vista científico.

Queremos mostrar qué son los tiburones, por qué los estudiamos y por qué son tan importantes. Qué tipos hay, de qué se alimentan, cuál es su rol ecológico en los ecosistemas marinos, cuáles hay en nuestras costas, si son peligrosos o si nosotros lo somos para ellos y, entre muchas otras curiosidades, también hablaremos de arte y tiburones. Queremos ahorraros el sensacionalismo y, de alguna manera, dignificarlos y quitarles su inmerecida mala fama.

No es necesario leer el libro en un orden específico, está pensado para hacerlo por capítulos, independientemente de su numeración.

Esperamos poder reconciliar a aquel niño curioso al que le gustaban los tiburones con el lector del presente para que ambos puedan entender un poco la realidad de los tiburones en toda su complejidad. Os invitamos a conocer al verdadero tiburón.

CAPÍTULO 1

Los océanos y los ecosistemas oceánicos

Océanos y ecosistemas

La palabra *océano* proviene del griego *ōkeanós* (Ὠκεανός), que significa 'río inmenso' o 'mar que rodea el mundo'. Muchos autores sostienen que nuestro planeta debiera llamarse Agua en vez de planeta Tierra, puesto que más del 70% de su superficie está cubierta por océanos. Lo que no explican es que el nombre se lo hemos puesto los seres humanos, quienes, aunque permanecemos nuestros primeros meses de vida sumergidos en un líquido amniótico —algo así como un océano en miniatura—, el resto de nuestras vidas generalmente lo pasamos sobre la parte sólida de nuestro planeta. Quizás por esto no le damos a los océanos la importancia que merecen.

Pero es importante saber que sin ellos es casi imposible entender nuestro planeta y, por ende, nuestra supervivencia, ya que son uno de los principales responsables de la producción de oxígeno en el planeta. En ellos habitan unos pequeños organismos denominados fitoplancton (microalgas y cianobacterias), así como algas, manglares y plantas marinas, que realizan la fotosíntesis, al igual que las plantas terrestres. Estos absorben dióxido de carbono (CO_2) y, con la energía del sol, liberan oxígeno (O_2), fundamental para que muchos organismos, como por ejemplo los seres humanos y los tiburones, podamos respirar. Y aunque los tiburones no tienen pulmones como nosotros, dependen del oxígeno disuelto en el agua para respirar a través de sus branquias.

Se estima que solamente los diminutos organismos que componen el fitoplancton son responsables de más de la mitad del oxígeno que hay en la atmósfera. Podríamos decir que los océanos son los principales pulmones de la Tierra, pero sería una analogía imperfecta, puesto que los pulmones liberan CO_2 y los océanos liberan O_2. Por tanto, nos quedaremos sencillamente con la idea de que son una fábrica de producción de oxígeno.

Los océanos, por otro lado, son muy importantes para el planeta porque cumplen un papel fundamental en la regulación de la temperatura de la atmósfera y por ende del clima. Tienen una gran capacidad calorífica, lo que significa que son capaces de retener el calor más tiempo que la superficie sólida de la tierra, suavizando las temperaturas extremas, tan comunes en estos últimos años.

Asimismo, los océanos actúan como conductores de temperaturas, nutrientes y gases a escala global a través de la circulación termohalina (del griego θερμός thermós 'caliente' y ἅλς háls 'sal'), un sistema de corrientes profundas a gran escala que está impulsado por las diferencias de temperatura y salinidad del agua. En estos procesos, el agua de los polos, más salina y fría, y por tanto más densa, se hunde y se mueve por el fondo en dirección al ecuador, donde, por acción de las corrientes y los vientos, vuelve a ascender. En estas aguas tropicales, se calienta y vuelve a los polos cerrando el ciclo. Estos son patrones generales, pero puede existir mucha variabilidad en distintas zonas. Estas corrientes también influyen en las rutas migratorias de muchos tiburones oceánicos, como el tiburón peregrino o el marrajo (imagen 2), los cuales recorren miles de kilómetros siguiendo zonas de temperatura y productividad adecuadas para sus procesos vitales.

De la misma manera, el océano es un factor clave en el ciclo del agua, pues provee cerca del 90% del vapor de agua que posteriormente provoca las lluvias del planeta, beneficiando a muchas especies tanto terrestres como acuáticas. Estos procesos son muy relevantes ya que modelan muchos patrones de diversidad a nivel global, también la de los tiburones, permitiendo que habiten en diferentes zonas de los océanos, estuarios y ríos, creando diferentes ecosistemas.

Explicado de manera sencilla, un ecosistema es un sistema natural formado por una comunidad de seres vivos y el medio físico donde habitan, interactuando como una unidad funcional mediante flujos de energía y ciclos de materia. Si lo que buscamos es entender por qué algunas especies pueden vivir en unas zonas determinadas y no en otras, lo que debemos hacer es analizar la naturaleza de los ecosistemas y establecer una clasificación atendiendo a sus particularidades. A partir de ahora, a las zonas que tienen influencia de tierra y mar las vamos a llamar ecosistemas costeros. En estos se encuentran las zonas estuarinas, donde el agua dulce se mezcla con el mar y hay una alta productividad biológica; las marismas y manglares, donde hay plantas y bosques que muchas veces sirven de criaderos para algunas especies; y finalmente, las zonas de playas y dunas que pueden ser muy dinámicas y con especies adaptadas a grandes oleajes o vientos. También puede haber otras zonas como las costas protegidas del oleaje, los acantilados o zonas mixtas o de transición entre un ecosistema y otro.

Contiguos a los ecosistemas costeros nos encontraríamos con los ecosistemas de plataforma continental, que son sistemas marinos que se extienden desde la costa hasta el borde de la plataforma continental, hasta aproximadamente los 200 metros de profundidad, donde el fondo comienza el descenso abrupto hacia el océano profundo. Aquí aparecen las praderas marinas, muy importantes en el mar Mediterráneo, porque sirven de refugio para multitud de especies; también encontramos los bosques de kelp, largas algas que pueden sobrepasar los 50 metros de altura y que pueden albergar nutrias, lobos marinos y algunas especies de tiburones, por ejemplo, en la zona de California y en Patagonia. En las zonas de plataforma continental se forman los arrecifes de coral, construidos por corales pétreos con zooxantelas, que son algas microscópicas que viven en simbiosis dentro de sus tejidos. Estas zonas de arrecife son áreas de alta diversidad y se cree que pueden albergar aproximadamente el 25% de las especies marinas del planeta. Un ejemplo de ello es la Gran Barrera de Coral en Australia.

Lejos de tierra se encuentran los ecosistemas pelágicos, situados en la columna de agua de los océanos sin depender directamente del fondo marino. De hecho, la palabra *pelágico* deriva del griego antiguo *pélagos* (πέλαγος) que significa 'mar abierto' u 'océano'. Este espacio inmenso se puede dividir a su vez en cinco zonas en función de factores como la cantidad de luz solar que reciben, la presión hidrostática, el contenido en oxígeno o la temperatura: epipelágica, mesopelágica, batipelágica, abisal o abisopelágica y hadal. La zona epipelágica, comprendida entre los 0-200 metros de profundidad, es la que dispone de mayor cantidad de luz solar y por tanto donde se produce la fotosíntesis del fitoplancton. Aquí habitan unos cuantos de los tiburones más llamativos. A continuación, entre los 200-1000 metros, se sitúa la zona mesopelágica. Es la llamada zona crepuscular, donde la bioluminiscencia, la capacidad de los seres vivos de producir luz a través de reacciones químicas, es un fenómeno ampliamente extendido entre multitud de organismos, incluidas algunas familias de tiburones como los melgachos, también conocidos como tiburones linterna (*Etmopterus* spp.). Más abajo, entre los 1000 y los 4000 metros, se extiende la zona batipelágica, donde la oscuridad es absoluta, la presión hidrostática es enorme, el contenido en oxígeno muy bajo y la temperatura ronda los 2-5 °C. Sin embargo, seguimos encontrando organismos completamente adaptados a estas circunstancias extremas, entre ellos el calamar gigante. Muy pocos tiburones aparecen aquí; el récord de profundidad lo tiene la pailona (*Centroscymnus coelolepis*), registrada a casi 4000 metros, justo en el límite de la zona. Más allá, en el dominio abisal, ya no se han encontrado tiburones. La zona abisal se extiende entre los 4000-6000 metros sobre los grandes fondos oceánicos bajo unas condiciones ambientales increíblemente extremas que, sin embargo, no han impedido la proliferación de criaturas sumamente interesantes, entre las cuales debemos destacar las bacterias quimiosintéticas. Estas son microorganismos que viven asociados a las chimeneas hidrotermales y producen compuestos orgánicos utilizando la energía que obtienen a partir de reacciones químicas de compuestos inorgánicos, lo cual es realmente increíble. Finalmente, aparece la zona hadal, la más profunda de los océanos, como por ejemplo la fosa de las Marianas en el Pacífico occidental, que tiene casi 11 000 metros de profundidad. Por si os lo estáis preguntando, la respuesta es que sí, esta zona también está habitada, y además por unas criaturas sumamente interesantes.

Inmediatamente después de los ecosistemas pelágicos se encuentran los ecosistemas de fondos marinos, que están situados en el lecho marino, desde los fondos de poca profundidad en la plataforma continental hasta las llanuras abisales. Los organismos que habitan aquí se han adaptado a permanecer sobre el fondo o a tener alguna relación con él, como ocurre con las especies demersales.

Finalmente, debemos tener muy en cuenta los ecosistemas fluviales, es decir, sistemas dinámicos de agua dulce que incluyen ríos, arroyos y sus zonas ribereñas, porque aquí también encontramos a nuestros compañeros de viaje, los tiburones.

Como podemos imaginar, al haber tal cantidad de hábitats diferentes, hay muchísimas especies que se han adaptado a estos paisajes submarinos, generando una riqueza de especies sin igual y una gran biodiversidad marina.

Biodiversidad y cadenas tróficas marinas

Cuando los biólogos marinos queremos definir la biodiversidad marina, generalmente lo hacemos pensando en tres compartimentos diferentes: la diversidad genética, la diversidad de especies y la diversidad de hábitats y comunidades.

Pero para el propósito de este libro, de aquí en adelante nos referiremos a biodiversidad como el conjunto de las diferentes especies que existen en un lugar determinado o, lo que es lo mismo, la diversidad de especies. También desde ahora nos vamos a referir a las especies como conjuntos de organismos que comparten características físicas, genéticas y comportamentales similares, que pueden reproducirse entre sí de una manera natural y tener descendencia fértil. Aunque, como veremos más adelante, en la naturaleza, como siempre, hay excepciones.

En los océanos hay una gran cantidad de organismos que cumplen con estas condiciones. Actualmente, se han descrito unas 250 000 especies, pero se cree que puede llegar a haber alrededor de un millón más, pues cada año se describen cerca de 2000 especies marinas nuevas. Esto se debe principalmente a que conocemos muy poco de los océanos y a que la mayoría de las zonas profundas son de difícil acceso, entre otras muchas causas.

Es importante considerar que estas cifras solo son de organismos eucariotas, que son aquellos cuyas células poseen un núcleo definido y delimitado por una membrana nuclear, y tienen orgánulos membranosos en su citoplasma. Si hablamos de procariotas, de bacterias y arqueas, las cifras se dispararían enormemente, pero de estas también sabemos muy poco.

Esta es la razón por lo que a menudo se dice que vivimos de espaldas al mar; sin embargo, en su interior hay muchas cosas que desconocemos. El océano es un vasto territorio inexplorado, del que sabemos mucho menos que del espacio exterior, y eso que nos bañamos en sus aguas. En el océano se pueden encontrar desde virus que son muy pequeños, hasta el animal más grande del mundo que es la ballena azul, con una longitud de aproximadamente 30 metros.

No obstante, son los organismos que forman parte del fitoplancton quienes regulan las redes tróficas desde la base en los océanos (figura 1). Ellos son los productores primarios, los que captan la energía de la luz y sirven de alimento para otros organismos como el zooplancton o las grandes ballenas, además de producir oxígeno, fundamental para los organismos heterótrofos (aquellos que, incapaces de producir su propio alimento, necesitan comer a otros). A pesar de su tamaño microscópico, algunos parches de estos microorganismos son visibles desde el espacio, como ocurre con los *blooms* (altas concentraciones) de *Emiliana huxleyi*, una especie de cocolitofóridos de unas 5 µm, muy importantes para el flujo de carbono en los océanos.

Figura 1
Red trófica simplificada: A) plancton (fitoplancton y zooplancton); B) consumidores primarios; C) consumidores secundarios; D) depredadores apicales.

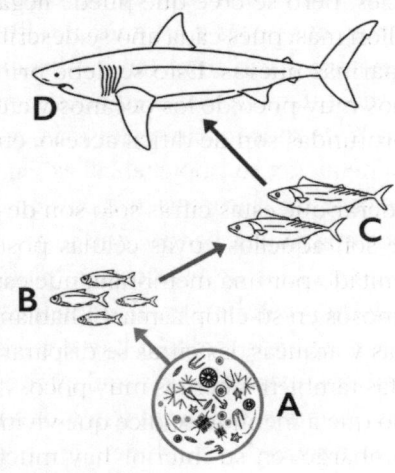

Fuente: A. Marcuello y C. Barría.

El siguiente eslabón de la cadena trófica es el zooplancton, un grupo diverso que incluye desde organismos microscópicos hasta grandes animales marinos. Entre ellos, destacan los copépodos, uno de los grupos de crustáceos más abundantes del planeta y con adaptaciones asombrosas. Un ejemplo son los copépodos del género *Sapphirina* —los zafiros de mar—, que pueden reflejar la luz y hacerse invisibles gracias a los cristales de guanina que tienen en su estructura celular. Pero el tamaño del zooplancton es variable y en este grupo también están las grandes medusas, como la medusa melena de león (*Cyanea capillata*), que puede sobrepasar los 30 metros.

En el zooplancton confluyen diversas especies de protozoos, como foraminíferos, radiolarios y ciliados; también crustáceos como los mencionados copépodos, cladóceros y eufáusidos, como el kril. También en este grupo se encuentran algunos tunicados como las salpas, los rotíferos —que son pequeños organismos con una corona de cilios— y los quetognatos —pequeños y voraces depredadores marinos conocidos como gusanos flecha—. Igualmente, forman parte del zooplancton las larvas de peces, moluscos, equinodermos, esponjas y cnidarios, entre otros.

Los siguientes consumidores en la lista de las cadenas tróficas marinas son los pequeños peces y los animales filtradores. En este apartado tenemos organismos tan importantes como las sardinas y las anchoas, tan populares en nuestra gastronomía, pero también en la de muchos animales más grandes. Aunque su tamaño es pequeño, su importancia es gigantesca, ya que conectan la base de la cadena trófica con los grandes depredadores. Forman grandes bancos que sustentan a múltiples especies y, al tener ciclos de vida cortos, pueden responder rápidamente a algunos cambios en el ambiente.

Dentro de estos peces pequeños también hay depredadores de zooplancton como los mesopelágicos, adaptados a vivir en condiciones de baja luminosidad. Aquí tenemos a todos los peces linterna de la familia Myctophidae, los peces hacha de la familia Sternoptychidae y las anchoas de fondo de la familia Sternoptychidae. Muchas de estas especies tienen fotóforos, que son órganos que emiten luz mediante bioluminiscencia, lo que les ayuda a camuflarse, comunicarse entre sí o atraer a sus presas en la oscuridad del océano profundo. Lo cierto es que parecen seres de otro planeta; desde estas profundidades ha salido mucha inspiración para algunas películas de suspense.

Finalmente, tenemos a los medianos y grandes depredadores, donde están situados gran parte de nuestros queridos tiburones. A los depredadores de tamaño medio los vamos a llamar mesodepredadores y a los grandes, depredadores apicales. Una gran parte de los tiburones pertenece al grupo de los mesodepredadores, que también incluye a los calamares y algunos peces tan conocidos como los jureles y las merluzas, e incluso algunas aves marinas.

Los depredadores apicales son los más grandes de los mares, y entre ellos aparecen algunos atunes, los grandes tiburones, las orcas y unos cuantos cetáceos. El rol de los depredadores apicales es fundamental en el mantenimiento del equilibrio ecológico, ya que a través de la depredación se produce la eliminación de individuos enfermos o débiles y se regulan las poblaciones de los grupos de niveles tróficos inferiores, evitando la sobrepoblación de herbívoros y la degradación de hábitats (por ejemplo, los depredadores apicales controlan los peces que podrían acabar con los pastos marinos). Además, actúan como conectores ecológicos: sus grandes movimientos transportan nutrientes de unos ecosistemas a otros, desde la superficie hasta las aguas profundas. Por ejemplo, algunos tiburones se alimentan en los primeros metros de la columna de agua y liberan nutrientes que caen hacia aguas profundas a través de los restos de sus presas y de sus desechos metabólicos, colaborando de esta manera con el transporte activo de carbono. Estas son solo algunas de las funciones conocidas de estos grandes depredadores apicales en los ecosistemas.

A estas alturas que ya hemos llegado a los depredadores, seguramente pensaréis por qué hablamos tanto de los otros organismos del mar y no vamos de lleno a hablar de los tiburones. La respuesta está en que para entender el rol y la importancia de nuestros amigos los escualos debemos entender también el resto del ecosistema del que forman parte en toda su rica complejidad.

Ahora que conocemos un poco más los engranajes del océano, estamos preparados para sumergirnos en el mundo de uno de sus protagonistas más antiguos y fascinantes: los tiburones. Si queremos entender la vida debemos mirar hacia el mar, pues ahí fue donde surgió hace aproximadamente unos 4000 millones de años y aún hoy sigue siendo el motor biológico del planeta.

CAPÍTULO 2

Historia y evolución de los tiburones

La historia evolutiva de los tiburones probablemente sea de las más deslumbrantes y antiguas de los grandes animales, con más de 450 millones de años de evolución. Estudiar la evolución y el origen de estas increíbles especies es un proceso fascinante y también un tremendo desafío, sobre todo porque es difícil contar con las piezas de un puzle que diverge una y otra vez. La evolución de las especies no es un proceso lineal, sino más bien una suma de proyectos que han llegado hasta nuestros días y de otros que se quedaron en el camino.

Los tiburones son de los vertebrados más antiguos del planeta, esto no quiere decir que sean primitivos, ya que experimentaron varios cambios desde que aparecieron. Para que nos hagamos una idea, los dinosaurios aparecieron hace aproximadamente 260 millones de años y desaparecieron hace unos 65 millones. En cambio, los tiburones aparecieron hace unos 450 millones de años y aún los tenemos entre nosotros.

Los primeros tiburones eran muy diferentes a los actuales, pero compartían algunas características básicas que les permitieron adaptarse y sobrevivir a varias extinciones masivas (figura 2). La idea preconcebida de que han permanecido intactos hasta el presente se refiere a que la forma y los cambios en el modelo general no han sido sustanciales.

FIGURA 2

Escala temporal de los tiburones y sus predecesores prehistóricos:
A) *Doliodus problematicus*; B) *Cladoselache*; C) *Stetetacanthus*;
D) *Helicoprion*; E) *Hybodus*; F) *Aquilolamna milarcae*;
G) *Otodus megalodon*.

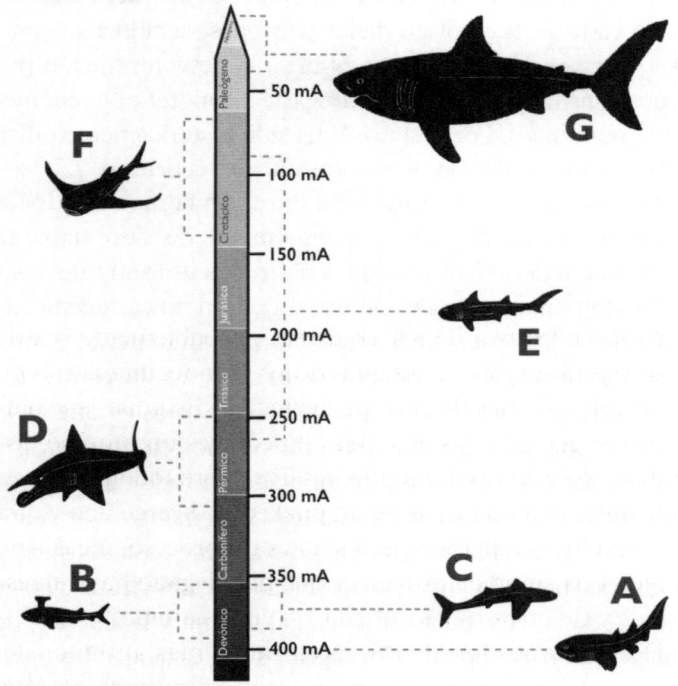

FUENTE: A. MARCUELLO Y C. BARRÍA.

Los investigadores de tiburones prehistóricos y los evolucionistas no han tenido nada fácil desarrollar su trabajo, ya que el esqueleto de los condrictios, grupo al que pertenecen los tiburones junto con las rayas y las quimeras, no está formado por huesos, como en la mayoría de los vertebrados, sino por cartílagos. Mientras que los huesos, compuestos principalmente por fosfato de calcio, son robustos y duraderos, el cartílago, formado por condrocitos y materiales orgánicos no mineralizados, se descompone más fácilmente.

Estas sutiles diferencias han permitido que los animales que tienen huesos, como los dinosaurios, puedan permanecer en el registro fósil por más tiempo, ya que la presencia de minerales los hace menos susceptibles a la descomposición bacteriana y a los procesos químicos que ocurren después de la muerte del animal. En cambio, el cartílago de los tiburones, debido a su composición orgánica, es más susceptible a la descomposición por microorganismos y también al desgaste temporal por fenómenos fisicoquímicos. Por esta razón ha sido históricamente difícil comprender la evolución de los tiburones en el tiempo.

Los dientes son el tejido más duro. En la mayoría de los vertebrados está compuesto principalmente de hidroxiapatita como mineral dental, mientras los tiburones utilizan fluorapatita (básicamente minerales diferentes). Aún no conocemos el porqué de la diferencia de la utilización de un material u otro, ya que los dientes de los tiburones no son más duros que los del resto de los vertebrados. Lo que sí sabemos es que es la estructura que más resiste el paso de los años en tiburones.

Otra característica muy reconocida en todos los tiburones es que tienen varias filas de dientes, de tal manera que cuando cae uno, el de la fila anterior inmediatamente pasa a sustituirlo, por lo que tienen la increíble capacidad de cambiar sus dientes durante toda la vida. Esta resistencia al tiempo y la alta tasa de recambio han permitido que los registros fósiles tengan los dientes de los tiburones como uno de sus principales componentes, no así el resto de su cuerpo. Por lo que los paleontólogos, esos investigadores encargados de estudiar las formas de vida más antiguas, han tenido que reconstruir los tiburones prehistóricos con las pocas pistas que han dejado bajo tierra.

Tiburones en el registro fósil

Los tiburones son las especies más abundantes en los yacimientos fósiles. Si incluimos los últimos estudios, hasta la fecha se han encontrado registros de al menos 1000 especies de peces cartilaginosos ya extintos y de al menos 110 de las 560 especies de tiburones que habitan en la actualidad. Esto ocurre porque muchos de los actuales ya existían hace millones de años.

Gracias a los estudios realizados en los últimos años podemos saber que hay tiburones actuales que llevan en el planeta desde el Daniense, hace al menos 66 millones de años, como es el caso del tiburón toro (*Carcharias taurus*) (imagen 1). Esta especie quizás haya sobrevivido a la gran extinción Cretácica-Terciaria, pero actualmente se encuentra en peligro crítico de extinción según la Unión Internacional para la Conservación de la Naturaleza (UICN). Curiosamente, los restos del tiburón toro se encontraron por primera vez en el Mediterráneo en un yacimiento del Neolítico (10 000-4500 a. C.) por pescadores en Cova Fosca (Castellón), donde al parecer habitaba una comunidad. Esto, de alguna manera, nos viene a decir lo importante que han sido los tiburones en las celebraciones de los pueblos antiguos.

Otro tiburón que se puede ver por aguas españolas y que ya existía hace millones de años es el carocho (*Dalatias licha*), de aproximadamente un metro de longitud y coloración oscura, que habita a más de 1000 metros de profundidad y que ya vivía en el Luteciense, hace aproximadamente 48 millones de años, y también en peligro de extinción. El tiburón más rápido del mundo, el marrajo (*Isurus oxyrinchus*), ya vivía en el Chattiense hace 28 millones de años. Lo mismo ocurre con nuestra conocida tintorera (*Prionace glauca*) (imagen 3), la visitante de cada verano en alguna que otra playa española. Este elegante tiburón ya surcaba los océanos del mundo hace al menos unos 5 millones de años, en el Zancliense. Si un observador extraterrestre pudiera seguir el camino recorrido por estas especies, seguro que le sorprendería cómo especies tan antiguas se encuentran actualmente en peligro de extinción.

Es curioso que cada vez que se avista un tiburón en las costas españolas, las personas se preguntan si es normal. Como hemos visto, los tiburones existen desde mucho antes que nosotros y llevan nadando en los océanos desde hace millones de años. En contraste, el ser humano moderno (*Homo sapiens*) apareció hace solo 200 000 o 300 000 años. ¿Pueden imaginar lo impactante que debe de haber sido para un tiburón ver a un ser humano intentando flotar en sus mares por primera vez? Es una pena que los tiburones no puedan contestar las preguntas de algunos periodistas...

El origen de los tiburones

A pesar de la escasez de pistas, las pocas que hay nos han ayudado a desentrañar algo de la evolución de estas especies. Los paleontólogos dicen que pueden viajar en el tiempo, ya que, revisando el pasado a través de los fósiles, de alguna manera pueden entender el presente, pero también, por qué no, el futuro.

Para conocer un poco más la historia de los tiburones del pasado debemos desplazarnos al comienzo de la existencia de los vertebrados, en el Ordovícico temprano, hace unos 480 millones de años atrás. En aquel tiempo no había tiburones ni peces tal como los conocemos hoy. En su lugar, los mares estaban poblados por criaturas que desafiaban cualquier intento de clasificación sencilla. Aquí comienzan a surcar las aguas costeras los primeros peces sin mandíbulas, los agnatos. Uno de los primeros vertebrados agnatos fue el *Arandaspis*, algo así como un pez de aproximadamente 15 centímetros encontrado por primera vez en Australia y que debe su nombre a un pueblo aborigen, el aranda o arrente.

Posteriormente, en el Silúrico, entre 443 y 416 millones de años, los agnatos se diversificaron. Mediante una sofisticada modificación de los arcos branquiales, el primero de estos arcos se adelantó a la parte anterior, dando lugar a los primeros peces con mandíbulas. El periodo de oro de estos peces ocurre en el Devónico, entre 416 y 359 millones de años atrás. Curiosamente, a una rama de estos peces le dio por colonizar la Tierra y convertirse después de muchos millones de años en lo que somos ahora.

Una vez consolidado el proceso donde los peces adquirieron la mandíbula, el camino hacia los tiburones comenzaría a despejarse lentamente, con algunas características que impulsaron su éxito hasta nuestros días. Hace nada pensábamos que los primeros condrictios se habían originado en el Silúrico, pero la paleontología, como otras ciencias, es dinámica y en los últimos años está avanzando a pasos agigantados, por lo que este origen está sometido a un debate permanente.

Cuando imaginamos un tiburón prehistórico debemos pensar que algunos tenían características diferentes a las especies actuales y formas un poco más extrañas. Esto, sumado a los pocos registros de animales completos, hace que la taxonomía (la ciencia que trata la clasificación de los seres vivos) de los tiburones primitivos sea un tema espinoso del que cada cierto tiempo aparecen actualizaciones que permiten avanzar en la comprensión de la relación que tenían unas especies con otras.

Tiburones prehistóricos

Como el objetivo de este capítulo no es en modo alguno descifrar las discusiones evolutivas y paleontológicas actuales, nos quedaremos con que los primeros tiburones primitivos nacen con los acantodios, unos peces que compartían características de osteíctios (peces óseos) y de condrictios (peces cartilaginosos).

Aquí tenemos, por ejemplo, el famoso tiburón espinoso (*Doliodus problematicus*), descubierto en 1892 por el célebre paleontólogo británico Arthur Smith Woodward, autor del *Catalogue of the Fossil Fishes in the British Museum*, uno de los tratados más importantes de la historia de los peces antiguos. El tiburón espinoso habitó los océanos hace 400 millones de años y su nombre científico ya advertía de alguna manera lo complejo que iba a ser clasificarlo evolutivamente. El primer esqueleto articulado fue encontrado en New Brunswick, Canadá, y su descubrimiento arrojaría luz sobre cómo terminarían siendo los tiburones modernos. Lo más extraordinario del tiburón espinoso es que tenía espinas en las aletas pectorales pareadas, característica que no presentan los tiburones modernos. No está de más recordar que las aletas pectorales de los peces, con el paso de millones de años y una selección afortunada para nosotros, se convirtieron en las extremidades superiores de los vertebrados, lo que hoy son nuestros brazos.

Otro ancestro de los tiburones, pero mucho más cercano a las quimeras (holocéfalos), fueron los *Cladoselache*, que eran peces que tenían la mandíbula fusionada con el cráneo. Los *Cladoselache* vivieron hace aproximadamente 370 millones de años. Tenían un cuerpo hidrodinámico y carecían de dentículos dérmicos (escamas que recubren la piel), que sí poseen los tiburones modernos. Probablemente fueron nadadores muy veloces, que utilizaban los movimientos laterales de su amplia cola como fuente de propulsión, y sus aletas pectorales para la dirección y la estabilización. Al igual que en los tiburones modernos, el esqueleto de los *Cladoselache* estaba hecho de cartílago calcificado, en otras palabras, cartílago revestido con algo de fosfato de calcio, pero no de hueso verdadero. El cartílago calcificado también se conoce en los placodermos, unos peces acorazados que podían alcanzar los 9 metros, y en otros agnatos, pero los condrictios son los únicos en tener cartílago calcificado prismático dispuesto como pequeños cristales dentro del grupo de los gnatostomados.

Si hay un ancestro de los tiburones que rompe los moldes establecidos para este grupo ese sin duda el *Stetetacanthus*, un género muy singular que vivió durante el Devónico. Aunque tenía la forma general de un tiburón, es conocido por la forma inusual de su aleta dorsal, que se asemejaba a un yunque o a una tabla de planchar. Esta especie de cresta estaba recubierta de dentículos dérmicos en forma de púas y se cree que pudo desempeñar un papel en rituales de apareamiento (de modo similar a los tentáculos cefálicos de las quimeras), servir para adherirse al vientre de animales marinos de mayor tamaño o, quizás, para ahuyentar a posibles depredadores.

No menos fascinante resulta el *Helicoprion*, un animal único que contaba con una extraña espiral de dientes en la mandíbula inferior en forma de sierra circular. Fue descubierto en Rusia a finales del siglo XIX. El *Helicoprion* vivió hace alrededor de 290 millones de años, en el periodo Pérmico, y estaba distribuido en casi todo el globo, excepto en los márgenes del suroeste de Gondwana, zonas que no pudieron colonizar probablemente debido a las glaciaciones registradas en el Pérmico temprano. Su estructura dental sigue siendo objeto de estudio y debate entre los científicos; en primera instancia se pensaba que con esa mandíbula solo podía comer animales de caparazón duro como los nautilos o amonites, pero nuevos estudios señalan que se alimentaba también de peces óseos. Su mandíbula espiral podría haber sido una herramienta multifuncional para capturar, procesar y transportar presas mediante la apertura y cierre cíclicos de la mandíbula inferior. Imaginemos un tiburón de 8 metros con esta mandíbula, más menos del tamaño de un peregrino, pero con una sierra circular en lugar de los dientes vestigiales de este pacífico tiburón. Podría dar para una gran película. Aún no está claro si es más cercano a los tiburones o las quimeras. Con tanta conjetura ya puede verse que hay un gran campo por cubrir en lo que a la clasificación de estos extraños peces se refiere.

Otro de los antiguos condrictios que destacan por su singularidad es *Hybodus*, un género que habitó los océanos entre 260 y 100 millones de años atrás y que se asemejaba bastante a los tiburones modernos. Tenía dos aletas dorsales armadas con fuertes espinas defensivas y una dentición heterodonta, con dientes afilados para capturar presas blandas y otros más romos, adaptados para triturar. Su combinación de rasgos lo convierte en un gran ejemplo de transición evolutiva dentro de los condrictios. Mucho tiempo después, la evolución volvería a sorprender con formas aún más extrañas.

Aquilolamna milarcae fue uno de ellos, una rara especie de elasmobranquio que habitó en los océanos hace 93 millones de años en el Cretácico. Su cuerpo era más ancho que largo, como las actuales mantas, y tenía una envergadura cercana a los 2 metros. La distintiva forma corporal y su amplia boca sugieren que probablemente se alimentaba de plancton. Si bien algunos investigadores lo sitúan dentro del grupo de los tiburones lamniformes, aún se debate su posición evolutiva.

Pero quizás el tiburón prehistórico más famoso que surcó nuestras aguas fue el megalodón (*Otodus megalodon*). Se cree que este gigante de los mares pudo medir hasta 18 metros y contaba con mandíbulas extremadamente poderosas armadas con varias filas de dientes de más de 18 centímetros, como del tamaño de una mano de un hombre adulto. Se alimentaba de mamíferos marinos, que seguramente intentaban huir en vano al ver al depredador más grande que ha existido nunca abalanzándose sobre ellos. Apareció en los mares de todo el mundo hace aproximadamente 16 millones de años y su último registro data de hace 3,6 millones de años. Aunque cueste creerlo, convivió una parte de su tiempo en los océanos con otro tiburón muy conocido, el gran tiburón blanco (*Carcharodon carcharias*), y fue una parte importante de la fauna ictiológica de las aguas circundantes a la actual península ibérica. De hecho, uno de los pocos sitios de cría de estos tiburones se ha encontrado en un yacimiento de la parte suroeste de la cuenca del Vallès-Penedès, datado en el Mioceno medio, hace aproximadamente 15 millones de años. También se han encontrado megalodones o, mejor dicho, sus dientes, en zonas de Huelva y de Fuerteventura. Por lo que parece, al megalodón le gustaba pasearse por nuestras aguas hace alrededor de 5 millones de años, en el Plioceno.

Se han encontrado decenas de especies de tiburones en yacimientos de la península ibérica y Canarias, como por ejemplo los tiburones sierra del género *Priostiophorus*, los tiburones vaca como *Notorynchus primigenius*, algunos ancestros de nuestras actuales pintarrojas como *Megascyliorhinus miocaenicus*, un tiburón de la familia de los tiburones blancos, el *Carcharodon hastalis*, o tiburones tigre como *Galeocerdo aduncus*, entre muchos otros. La lista es bastante más larga y seguramente quedan muchos tiburones prehistóricos aún por descubrir.

CAPÍTULO 3

Anatomía de los tiburones

Desde sus primeros antepasados en los mares del Devónico hasta los tiburones que conocemos hoy, han perfeccionado un diseño que es antiguo, pero sorprendentemente eficaz y que constituye un elemento crucial para su éxito ecológico. Los tiburones, a diferencia de muchas otras líneas evolutivas, no han necesitado rediseños corporales radicales para sobrevivir, su estrategia se ha basado en el perfeccionamiento y la especialización. Sus cuerpos están optimizados para la eficiencia hidrodinámica, sus órganos internos organizados para ahorrar energía y sus sistemas sensoriales perfeccionados para detectar incluso los susurros de vida en el mar.

Morfología externa

Como os podréis imaginar, dentro de las 560 especies de tiburones descritas hasta la actualidad podemos encontrar multitud de formas y cada una de ellas responde a la adaptación a un hábitat y a un estilo de vida.

La estructura del cuerpo de un tiburón consta de tres partes principales: la cabeza, que va desde el hocico, incluyendo ojos, boca y narinas, hasta las hendiduras branquiales; el tronco, desde el par de aletas pectorales hasta el par de aletas pélvicas, incluyendo los pterigopodios o claspers en el caso de los machos, y la cola, que se divide en zona precaudal (con o sin aleta anal) y aleta caudal (figura 3).

FIGURA 3
Morfología externa de un tiburón.

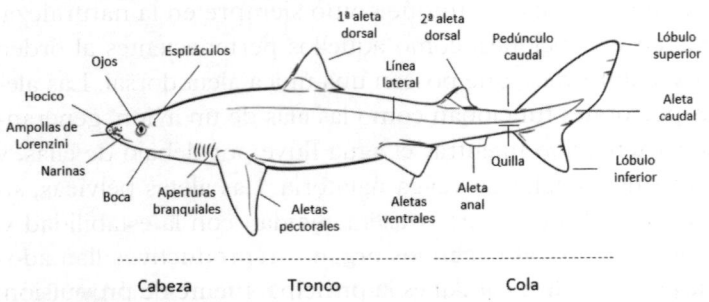

FUENTE: A. MARCUELLO Y C. BARRÍA.

La forma de su cuerpo depende del hábitat en el que viven. Los tiburones pelágicos como el marrajo (*Isurus oxyrinchus*) poseen un cuerpo fusiforme e hidrodinámico, parecido a un torpedo, que reduce la resistencia y maximiza la eficiencia al nadar. Esta forma les permite recorrer largas distancias con un gasto de energía mínimo. Pero también podemos encontrar tiburones con cuerpos alargados y flexibles como la pintarroja (*Scyliorhinus canicula*) (imagen 4), que les permite moverse elegantemente por el fondo marino, o incluso aplanados, similares a las rayas, como los tiburones ángel (Squatinidae), perfectos para emboscar presas mientras se camuflan en el fondo marino. Ambos son típicos de especies con movimientos lentos y de hábitat bentónico.

Los ingenieros que estudian la hidrodinámica han aplicado el diseño fusiforme de los tiburones a submarinos, torpedos e incluso trenes de alta velocidad. En algunos casos, la biomímesis, donde se imitan soluciones ingeniosas de la naturaleza para resolver problemas humanos, ha conseguido reducir la resistencia de los vehículos en más del 10%, ahorrando combustible y aumentando la eficiencia, un truco que los tiburones perfeccionaron hace millones de años. Las aletas de un tiburón son elementos clave en su diseño corporal. Las aletas dorsales proporcionan estabilidad y sin las que un tiburón rodaría sin control. Por lo general, los tiburones tienen dos, que pueden variar en forma, tamaño y posición, aunque como siempre en la naturaleza, existen excepciones, como aquellos pertenecientes al orden Hexanchiformes, que poseen una única aleta dorsal. Las aletas pectorales funcionan como las alas de un avión, generando sustentación mientras el agua fluye por debajo de ellas, y compensa la falta de vejiga natatoria. Las aletas pélvicas, situadas cerca de la parte trasera, ayudan con la estabilidad y, en los machos, albergan los órganos reproductivos llamados claspers. La aleta caudal es la principal fuente de propulsión. La mayoría de los tiburones tiene una cola heterocerca, con el lóbulo superior más grande que el inferior, proporcionando tanto empuje como sustentación.

La piel del tiburón puede parecer lisa a simple vista, pero bajo el microscopio es un bosque de pequeñas estructuras dentadas llamadas dentículos dérmicos que los protegen de parásitos y heridas. Cada dentículo está diseñado para canalizar el flujo de agua, reduciendo la turbulencia y la resistencia. Su patrón acanalado ha inspirado el diseño de trajes de baño de atletas olímpicos, aunque luego fueron prohibidos por ser "demasiado efectivos". Presentan una gran variedad de formas dependiendo de la especie y de la parte del cuerpo en que se encuentren. En algunas especies como el tiburón nodriza (*Ginglymostoma cirratum*) (imagen 5), los dentículos son romos y protectores, mientras que en el marrajo son afilados y optimizados para la velocidad. Antiguos marineros usaban la piel de tiburón como papel de lija, y en Japón se empleaba para decorar los mangos de las espadas samurái, lo que mejoraba su agarre; todavía se utiliza en el *oroshi*, un rallador tradicional formado por una tabla de madera cubierta de piel de tiburón que sirve para rallar la raíz de wasabi.

Los tiburones pueden no tener colores brillantes como los peces de arrecife, pero su piel es una obra maestra evolutiva del camuflaje. En la mayoría es oscura en la parte superior y clara en la inferior. Desde arriba, se confunden con la profundidad del océano; desde abajo, con la superficie del mar, convirtiéndolos en cazadores sigilosos. Algunas especies como el tiburón cebra (*Stegostoma tigrinum*) (imagen 12) presentan rayas llamativas cuando son juveniles, que se convierten en manchas en los adultos, ayudando al camuflaje en diferentes hábitats. Y algunos tiburones de aguas profundas como el tiburón cigarro (*Isistius brasiliensis*) pueden brillar, táctica que utilizan para imitar peces más pequeños y atraer así a sus potenciales presas.

Morfología interna

A diferencia de los peces óseos, los tiburones carecen de esqueleto calcificado. En su lugar, poseen uno compuesto principalmente por cartílago, el mismo tejido que forma nuestra nariz y orejas. El cartílago es más ligero y flexible que el hueso, reduciendo el peso total del cuerpo, fundamental para equilibrar su flotabilidad. Y aunque pueda parecerlo, los tiburones no son blandos, ya que muchos elementos cartilaginosos se fortalecen con sales de calcio, especialmente en las mandíbulas y la columna vertebral. Las vértebras están diseñadas como una pila de pequeñas articulaciones de bola y cavidad, proporcionando fuerza y flexibilidad para nados potentes.

Las aletas de los tiburones también están formadas por cartílago: uno basal que es más compacto, situado en la base de la aleta, que la ancla al cuerpo, y otro radial que se alterna a lo largo de toda la aleta con unas fibras de colágeno llamadas ceratotriquios y que sirven para sostenerla. Estas fibras, totalmente insípidas, son el ingrediente principal de la sopa de aleta de tiburón y alcanzan valores muy elevados en el mercado asiático.

Los tiburones son animales extremadamente musculosos. En algunas especies, la musculatura puede llegar a representar hasta el 85% de su peso corporal. El aparato muscular está formado en su mayoría por musculatura axial, con segmentos musculares dispuestos en forma de W llamados miómeros, bandas que se contraen en secuencia para producir movimientos ondulatorios de natación. Podemos encontrar dos tipos de musculatura, roja y blanca. El músculo rojo, situado a ambos lados del cuerpo, cerca de la columna vertebral, es rico en mioglobina y se utiliza para recorridos prolongados, especialmente por tiburones migratorios como el marrajo. En cambio, el músculo blanco, menos oxigenado, está diseñado para las ráfagas cortas de velocidad. Es el que utilizan, por ejemplo, el tiburón tigre (*Galeocerdo cuvier*) (imagen 6) y el tiburón blanco (*Carcharodon carcharias*) en sus ataques de emboscada.

La mayoría de los tiburones son ectotermos, es decir, el calor generado por su actividad muscular y procesos metabólicos se pierde hacia el agua a través de la superficie corporal y las branquias. Aunque algunas especies, como los lámnidos, son parcialmente endotérmicas, manteniendo los músculos más cálidos que el agua circundante gracias a una sofisticada red de vasos sanguíneos llamada *rete mirabile* o red maravillosa, cuya principal función es la termorregulación. Esto aumenta la eficiencia y permite movimientos más rápidos y ágiles en mares fríos. El cailón salmonero (*Lamna ditropis*) (imagen 7) del Pacífico norte puede mantener su núcleo corporal hasta 15-20 °C más cálido que el agua circundante, una estrategia similar a la de los mamíferos de sangre caliente.

Los tiburones, al igual que el resto de los peces, tienen un sistema circulatorio único y cerrado con un corazón de dos cámaras, una aurícula y un ventrículo, que bombea sangre venosa hacia las branquias para su oxigenación. Una vez oxigenada, la sangre se dirige hacia los tejidos y órganos del cuerpo antes de regresar al corazón, por donde solo pasa sangre no oxigenada. La respiración ocurre a través de las branquias, organizadas en 5-7 pares de hendiduras a los lados de la cabeza. El agua debe fluir continuamente sobre los filamentos branquiales para el intercambio de gases.

Para conseguir esto, los tiburones pelágicos como la tintorera (*Prionace glauca*) deben mantenerse en constante movimiento con la boca entreabierta, para forzar el paso del agua por sus branquias y poder respirar —a esto se le llama ventilación ram—, pues de no moverse se ahogarían. En cambio, los tiburones bentónicos como el olayo (*Galeus melastomus*) bombean el agua a través de las branquias, succionándola con la boca (bombeo bucal) mientras descansan en el fondo marino. Algunas especies pueden alternar entre ventilación por ram y bombeo bucal como el tiburón toro (*Carcharias taurus*), permitiéndoles habitar tanto en lagunas de arrecife quietas como en océanos abiertos.

El sistema digestivo de los tiburones es relativamente corto comparado con el de los mamíferos. Consiste en un tubo simple que va desde la boca a la cloaca. Incluye un esófago corto que deja que la comida pase rápidamente a un estómago grande y expandible que tiene forma de J, lo que le permite almacenar grandes cantidades de alimento. El intestino es corto y voluminoso y contiene una estructura única, la válvula espiral, formada por pliegues en espiral, con lo que se aumenta la superficie sin necesidad de un tubo largo, lo que les permite absorber el máximo de nutrientes de cada comida, crucial dada su alimentación a veces irregular. A la válvula espiral le sigue el recto que lleva los desechos hacia la cloaca, una abertura común para los sistemas digestivo, urinario y reproductivo. En el recto podemos encontrar la válvula rectal, que es un órgano especializado en la osmorregulación y cuya función principal es eliminar el exceso de sales en la sangre. Gracias a este mecanismo, los tiburones pueden mantener en su organismo un equilibrio de agua y sales adecuado para vivir en agua de mar, que es más salada que sus fluidos corporales. Muchos tiburones pueden expulsar el contenido del estómago si están estresados o ingieren algo no digerible como caparazones de tortuga; a esto se lo conoce como eversión gástrica. Se ha llegado a encontrar en el estómago de algunos tiburones matrículas, neumáticos, cámaras de vídeo e incluso bolsas de dinero.

A diferencia de los peces óseos, los tiburones no tienen vejiga natatoria para el control de su flotabilidad. Dependen de un hígado muy grande que puede representar el 20-25% de su masa corporal, formado por lípidos y aceites menos densos que el agua, entre los que destaca el escualeno. El hígado también se utiliza como reserva energética, siendo vital para especies migratorias. El aceite de hígado de tiburón se ha utilizado históricamente como combustible para lámparas y como componente de cosméticos.

Los sentidos

Las habilidades sensoriales de los tiburones son fascinantes de manera integrada, haciendo de estos depredadores cazadores extraordinariamente efectivos. Tienen siete sentidos: vista, olfato, oído, gusto y tacto —igual que los humanos—, y dos adicionales: la línea lateral, que sirve para detectar vibraciones y cambios de presión en el agua, y un superpoder que reside en unos órganos llamados ampollas de Lorenzini, con las que detectan campos eléctricos.

A pesar del mito de que los tiburones son casi ciegos, muchas especies tienen ojos altamente desarrollados. La retina contiene células fotosensibles llamadas fotorreceptores que pueden ser de dos tipos: los bastones, que son altamente sensibles, facilitan la visión en condiciones de poca luz y son importantes para la visión periférica y la visión en blanco y negro; y los conos, que son menos sensibles y se utilizan en condiciones luminosas, y son los responsables de la visión central, la agudeza visual y la percepción del color. Los ojos de los tiburones de aguas profundas están formados mayoritariamente por bastones, mientras que en los ojos de los de arrecife predominan los conos. Estos fotorreceptores convergen en las células ganglionares de la retina y, finalmente, en el nervio óptico, que transmite la información de la retina al cerebro.

Antes del descubrimiento de las retinas dúplex en tiburones, que contienen bastones y conos, se asumía que ningún elasmobranquio podía ver en color. Desde entonces se ha identificado la presencia de uno, dos o hasta tres conos (como el ojo humano) en la retina de varias especies de condrictios. La presencia de múltiples clases de conos en una sola retina permite la discriminación de colores en el cerebro, ya que cada tipo de cono es sensible a una determinada longitud de onda de luz (azul, verde y rojo). Aunque la mayoría de las especies de tiburones poseen retinas dúplex, se asume que todos son daltónicos, ya que todas las especies estudiadas hasta la fecha han presentado una sola clase de conos en la retina como máximo, siendo capaces de percibir una única longitud de onda de color. Por lo tanto, su capacidad visual se basa en distinguir mejor los objetos con alto contraste sobre el fondo del mar, como el blanco o el amarillo que puede atraer más su atención, en lugar de apreciar colores específicos. Detrás de la retina se encuentra una capa reflectante llamada *tapetum lucidum* que devuelve la luz que de otro modo se habría perdido, dando a la retina una segunda oportunidad para captar esa luz, mejorando la visión en las profundidades marinas, la visión nocturna y detectando presas de manera más eficiente. Es el mismo mecanismo que hace que los ojos de los gatos brillen cuando se les ilumina. Las pupilas de los tiburones se dilatan o contraen para regular la cantidad de luz que llega a la retina, adaptándose a los diferentes niveles de luminosidad del entono. Este mecanismo les permite optimizar la visión en aguas profundas, así como proteger sus ojos de la luz intensa cerca de la superficie. La mayoría de los tiburones tienen un párpado fijo, aunque algunos poseen otro secundario llamado membrana nictitante que protege y lubrica el ojo. Las especies que carecen de esta membrana protegen sus ojos en situaciones de riesgo, por ejemplo, cuando muerden una presa, girándolos hacia atrás, como es el caso del tiburón blanco.

Si la visión ayuda a corta distancia, el olfato suele ser el primer sistema de alerta. Los tiburones utilizan un par de fosas nasales ubicadas en la parte inferior de la cabeza denominadas narinas. Estas no sirven para respirar ya que, como hemos visto anteriormente, los tiburones, como el resto de peces, respiran por las branquias. El agua entra por estos orificios y circula entre los pliegues anteriores de la piel, que están cubiertos de células sensoriales con las que detectan sustancias químicas a kilómetros de distancia, siendo crucial para encontrar presas y pareja. Los tiburones usan olfacción estereoscópica, que funciona de manera similar a como los humanos escuchamos con los dos oídos, comparando la intensidad del olor en cada fosa nasal para rastrear el origen y dirección de la que procede el rastro del olor en el agua. Los bulbos olfativos son enormes en relación con el tamaño del cerebro, a veces representando el 15% de su peso total. Algunos tiburones pueden detectar ciertos aminoácidos a concentraciones de hasta una parte por 10 mil millones, y algunas especies, como el tiburón limón (*Negaprion brevirostris*) (imagen 8), muestran comportamientos de orientación olfativa, regresando a los manglares donde nacieron.

El sonido viaja más rápido y a mayor distancia en el agua que en el aire, y los tiburones están adaptados para detectarlo. Los cambios de presión originados por el sonido se detectan en el oído interno, ubicado a ambos lados del cerebro y conectado a la línea lateral. Está en contacto con el exterior a través de unos orificios situados cerca de los ojos y también juega un papel crucial en el equilibrio y la orientación. Los tiburones son especialistas en oír sonidos graves, por debajo de los 250 Hz, aunque pueden detectar sonidos entre los 10 Hz (infrasonidos) y los 800 Hz. Este rango de audición les permite escuchar las vibraciones y los sonidos del agua, y es muy útil para detectar movimiento y localizar presas. Los experimentos muestran que los tiburones se sienten atraídos por sonidos de baja frecuencia que imitan a peces heridos y algunos buzos utilizan este conocimiento para atraerlos y observarlos.

A pesar de lo que se pueda pensar, los tiburones tienen el sentido del gusto desarrollado y pueden ser bastante exigentes con la comida. No tienen una lengua como tal, pero presentan papilas gustativas alrededor de la boca que les permite diferenciar qué presa potencial es conveniente y cuál no.

Los tiburones tienen el sentido del tacto desarrollado en toda su piel, la cual posee receptores muy sensibles que pueden percibir el contacto, las vibraciones, la temperatura del agua y los cambios en las corrientes marinas, lo que les ayuda a moverse en su entorno.

A lo largo de cada lado del cuerpo encontramos la línea lateral, un canal sensorial lleno de neuromastos, que son agrupaciones de células ciliadas similares a las del oído humano comunicadas con el cerebro a través de nervios, que detectan los movimientos del agua y gradientes de presión originados por presas potenciales, depredadores o cambios en las condiciones medioambientales. La línea lateral permite seguir a las presas por la estela que dejan, incluso en completa oscuridad, y trabaja junto con la visión y el olfato para construir una imagen 3D del entorno. Los peces que nadan en cardumen generan patrones de ondas coordinadas que pueden confundir la línea lateral de los tiburones, razón por la cual nadar con "amigos" es una defensa efectiva.

Pero quizás el sentido más asombroso de los tiburones es la electrorrecepción. Los tiburones tienen unos órganos electrosensoriales llamados ampollas de Lorenzini, una red de poros y canales llenos de una sustancia gelatinosa, situados en la cabeza y conectados a electrorreceptores. Gracias a este sentido, los tiburones pueden percibir campos eléctricos tan débiles como el latido de presas enterradas, además de detectar el campo magnético terrestre, ayudándolos a navegar cuando realizan largas migraciones.

Como hemos comentado al principio de este capítulo, los sentidos de los tiburones no trabajan de forma individual, sino que hay una integración multisensorial y se usan por etapas: el olfato detecta presas lejanas. La línea lateral y la audición guían el acercamiento, percibiendo vibraciones y movimientos; la visión toma el control en la aproximación final, y la electrorrecepción proporciona precisión milimétrica en el ataque, especialmente con presas ocultas. Este "enfoque por capas" asegura que los tiburones usen el canal sensorial más eficaz en cada fase de la caza, conservando energía y maximizando el éxito.

CAPÍTULO 4

Reproducción y sexo en tiburones

Después de tantos millones de años de evolución, la vida reproductiva de los tiburones no se iba a quedar atrás. Lejos de ser simple, revela un amplio espectro de adaptaciones evolutivas. Modificaciones físicas fascinantes en su aparato reproductor, increíbles cortejos y diversidad en los modos de reproducción, desde la puesta de huevos hasta el nacimiento de crías vivas, desde los huevos ocultos en grietas rocosas hasta los duelos entre hermanos en el útero, la reproducción de los tiburones está llena de maravillas y curiosidades. Y todo ello para garantizar su supervivencia a largo plazo. O por lo menos así ha sido hasta ahora.

Comprender la reproducción de los tiburones tiene consecuencias directas para la conservación y la gestión pesquera. Son animales de crecimiento lento y madurez sexual tardía, con una tasa de reproducción relativamente baja en comparación con los peces óseos. Estas características los hacen particularmente vulnerables a las amenazas antrópicas, especialmente la pesca, ya que cuando sus poblaciones disminuyen, su recuperación es extremadamente lenta.

Métodos reproductivos

En el reino animal, dentro de la reproducción sexual, podemos encontrar dos tipos de estrategias reproductivas, las estrategias de la r y la de la k.

La estrategia de la r es típica de organismos que habitan en ambientes inestables y se caracterizan por producir un gran número de crías. Estas especies tienen fecundación externa, ciclos de vida cortos, crecimiento rápido y altas tasas de mortalidad. En este grupo podemos encontrar a la mayoría de peces óseos, que ponen grandes cantidades de huevos —una merluza puede poner unos 400 000 huevos y un bacalao unos 6 millones, de los cuales solo un 1% consigue llegar a la edad adulta—.

La estrategia de la k la comparten organismos que viven en ambientes estables y se caracterizan por producir un número bajo de crías, la mayoría de ellas desarrolladas. Estas especies tienen fecundación interna, mayor longevidad, y suelen ser de gran tamaño, pero de reproducción tardía. A este grupo pertenecen los humanos, grandes mamíferos como la ballena y depredadores como el lobo y, cómo no, los tiburones.

Los tiburones presentan dimorfismo sexual. Los machos se distinguen externamente de las hembras por tener unas estructuras similares a penes llamados pterigopodios o claspers, que son modificaciones de las aletas pélvicas. Y no contentos con uno, ¡la naturaleza los ha dotado con dos! Su estructura puede estar ornamentada con espinas, ganchos y surcos adaptados para garantizar el éxito en el apareamiento.

Los testículos de los tiburones adultos son cilíndricos y alargados, y están situados en la parte anterior de la cavidad abdominal. Los espermatozoides van de los testículos al epidídimo a través de los conductos deferentes, donde se almacenan y acaban de madurar. Estos conductos se ensanchan en la parte final formando las vesículas seminales, que terminan en los sacos espermáticos, que, a su vez, confluyen en la papila urogenital, la cual se abre a la cloaca.

Para la cópula, unos de los claspers, normalmente el más próximo a la hembra, se gira hacia delante para insertarse en la hembra una vez el macho ha conseguido inmovilizarla. Los claspers están conectados a unos sifones, una especie de sacos que durante la cópula se llenan de agua para, cuando llega el momento de la eyaculación, producir un chorro de agua que arrastra a los espermatozoides hacia el interior de la hembra, así el tiburón se asegura que no se pierda ninguno por el camino. Curiosamente, los tiburones estuvieron entre los primeros vertebrados en desarrollar la fertilización interna, un salto evolutivo que los diferenció de la mayoría de los peces. En las hembras, los ovarios están situados en la parte anterior de la cavidad abdominal. Además de producir óvulos, secretan hormonas que regulan el ciclo reproductor y el desarrollo corporal; las hembras suelen ser más grandes que los machos y tienen la piel más gruesa para evitar heridas durante el apareamiento.

Los ovarios de las hembras adultas son largos y granulados. Los óvulos producidos por los ovarios pasan a los oviductos, que se ensanchan en la glándula oviductal o nidamentaria, donde se produce la fecundación. Finalmente, ambos oviductos se prolongan en el útero y confluyen en la vagina, que se abre a la cloaca.

La glándula oviductal es uno de los órganos más importantes en la reproducción de los tiburones, ya que permite a las hembras poder almacenar el esperma, de uno o de varios machos, durante meses o incluso años antes de la fecundación. Este truco evolutivo hace que las hembras puedan decidir cuándo quieren reproducirse, esperando al momento en que las condiciones ambientales sean óptimas para la supervivencia de las crías.

Tras la fecundación interna comienza el desarrollo embrionario, que en los tiburones puede ser de dos tipos: ovíparo (puesta de huevos) y vivíparo (producción de huevos), que a su vez puede ser aplacentario o placentario.

La reproducción ovípara es la más primitiva y está presente en el 40% de las especies, tales como los tiburones cornudos o suños (Heterodontiformes) y algunas especies más cercanas a nosotros como la pintarroja (*Scyliorhinus canicula*), el alitán (*Scyliorhinus stellaris*) (imagen 13) o el olayo (*Galeus melastomus*).

En los tiburones ovíparos, los óvulos fecundados quedan envueltos en unas cápsulas córneas producidas por la glándula oviductal popularmente conocidas como bolsas de sirena, que protegen el embrión durante su desarrollo. Los huevos son expulsados al exterior por pares, procedentes de cada oviducto.

Las cápsulas suelen tener crestas, espirales o zarcillos que los anclan a las grietas, rocas o algas impidiendo que sean arrastrados por las corrientes. También tienen poros que permiten la circulación del agua, asegurando que el embrión recibe el oxígeno que necesita sin dejar de estar protegido.

Los embriones se alimentan únicamente del saco vitelino y su desarrollo rara vez supera el año. Una vez acabado el alimento, el pequeño tiburón, totalmente formado, está preparado para eclosionar abriendo la cápsula con la ayuda de la glándula del nacimiento situada en la cabeza que reblandece la cápsula y le permite salir e iniciar una vida sin ningún tipo de cuidado parental.

En el tipo vivíparo aplacentario, los embriones se desarrollan dentro del útero de la madre sin conexión placentaria. Es el tipo de reproducción más común en los tiburones, presente en el 50% de las especies. Los óvulos fecundados se recubren de una sustancia serosa en la glándula oviductal y llegan al útero donde se reabsorbe la cubierta y continúa la gestación. Pero los tiburones, nunca satisfechos con la simplicidad, llevan la innovación reproductiva al extremo. Una vez en el útero, hay embriones que dependen de un saco vitelino para alimentarse (lecitotrofia) como la cañabota gris (*Hexanchus griseus*), los angelotes (*Squatina* spp.), el tiburón ballena (*Rhincodon typus*) (imagen 15) o las musolas (*Mustelus* spp.). Otros se alimentan de óvulos no fecundados que proporciona la madre (oofagia), como es el caso de los lamniformes como el marrajo (*Isurus oxyrinchus*) o el tiburón blanco (*Carcharodon carcharias*), o incluso de secreciones maternas, "leche uterina" (histotrofia), como el tiburón tigre (*Galeocerdo cuvier*).

En otras especies, como en el tiburón toro (*Carcharias taurus*), los embriones incluso pueden practicar canibalismo intrauterino (adelfofagia), devorando a sus hermanos más débiles. Estas estrategias extremas garantizan que las crías supervivientes sean grandes y estén bien desarrolladas al nacer.

Por su parte, el tipo vivíparo placentario es la reproducción más avanzada en los tiburones y se da en el 10% de las especies, principalmente en las familias Carcharhinidae como la tintorera (*Prionace glauca*), Sphyrnidae como los tiburones martillo y Hemigaleidae como los gáleos. En este caso, el saco vitelino del embrión se transforma increíblemente en una placenta que se conecta a la pared uterina mediante un cordón umbilical por donde se transfieren los nutrientes directamente de la madre. Esta estrategia permite gestar camadas más numerosas y bien alimentadas.

Los periodos de gestación en los tiburones pueden variar entre nueve meses, como el negrito (*Etmopterus spinax*), hasta el récord confirmado de la mielga (*Squalus acanthias*) con dos años. Algún autor ha señalado que el del tiburón anguila (*Chlamydoselachus anguineus*) podría llegar a ser de hasta 3,5 años. Pero para hito de la naturaleza tenemos al tiburón de Groenlandia (*Somniosus microcephalus*), que a falta de confirmarse su periodo de gestación, se estima que podría llegar a los ¡18 años!, siendo la gestación más larga de todos los vertebrados; digna de un tiburón que supera los 400 años, el vertebrado más longevo del planeta.

El tamaño de las camadas también varía considerablemente según la especie, desde dos crías en el tiburón de puntas negras (*Carcharhinus melanopterus*) hasta más de 100 en la tintorera. En 1995 se capturó en las costas de Taiwán una hembra de tiburón ballena (*Rhincodon typus*) con 304 embriones en su útero en diferentes etapas de desarrollo, indicando que no todos necesariamente hubieran nacido.

Cada uno de estos tipos de reproducción refleja un equilibrio entre la fecundidad, la supervivencia de las crías y la inversión materna. La oviparidad permite la puesta de huevos con un mínimo cuidado materno, pero expone a los embriones a la depredación. La viviparidad aplacentaria produce menos crías, pero de mayor tamaño, a menudo con comportamientos competitivos que garantizan la supervivencia del más apto. La viviparidad placentaria equilibra el tamaño de la camada y la calidad de la descendencia, produciendo camadas de tamaño moderado con crías bien alimentadas. Esto nos muestra la flexibilidad evolutiva de la reproducción en tiburones y su papel en la adaptación ecológica.

Estrategias de apareamiento

La evolución de los claspers y la fecundación interna mejoraron el éxito reproductivo de los tiburones, pero también requirió el uso de complejos comportamientos de cortejo para asegurar una cópula exitosa. Estos comportamientos son muy poco conocidos debido a la dificultad de observarlos en el hábitat natural y solo se ha podido documentar en muy pocas especies en expediciones o en acuarios.

La mayoría de los tiburones adultos suelen vivir solos o segregados por sexos, y se reúnen en zonas específicas de apareamiento en una determinada época del año. Estas agregaciones pueden formarse cerca de zonas de cría, como es el caso del tiburón limón (*Negaprion brevirostris*), que se ha observado apareándose en las bahías protegidas por manglares donde tienen a sus crías, así como en rutas migratorias o en aguas costeras poco profundas.

Algunas especies incluso muestran filopatría, es decir, la tendencia a regresar a zonas específicas para el apareamiento o para dar a luz. Este comportamiento se ha observado en el solrayo (*Odontaspis ferox*), en hembras adultas embarazadas que regresan a la misma zona de la isla del Hierro.

Los sentidos de los tiburones juegan un papel muy importante a la hora de encontrar pareja. Su olfato les permite detectar feromonas secretadas por las hembras y gracias a su vista reconocen posturas y patrones de movimiento que indican la posible receptividad de la hembra.

El cortejo se inicia con el macho siguiendo de cerca a la hembra, a menudo nadando en paralelo, durante horas o incluso días como si esperara una señal de aceptación. Antes de intentar la cópula, el macho alinea su cuerpo con la hembra y en ocasiones hace movimientos circulares a su alrededor, le da empujones o la muerde. Estos "mordiscos amorosos" no son una agresión gratuita, sino una estrategia para sujetar a la hembra en un medio donde no existen manos ni puntos de apoyo.

Lejos de ser pasivas, las hembras pueden resistirse escapándose nadando velozmente, o bien sacudiéndose, girando o incluso devolviendo el mordisco. El éxito del macho depende de que la hembra acepte finalmente su sujeción. Esto revela un componente de elección femenina en el proceso, ya que por mucho que los machos insistan, sin la cooperación de la hembra no hay apareamiento posible.

La cópula en tiburones es uno de los momentos más difíciles del proceso. Recordemos que se trata de fecundación interna, y lograrlo en un medio acuático, sin extremidades prensiles y con cuerpos poco flexibles en algunas especies, requiere fuerza, coordinación y, nuevamente, mordiscos. En tiburones pequeños y flexibles como la pintarroja, el macho se enrosca alrededor de la hembra para "acertar" con mayor facilidad. En especies grandes y rígidas, como el marrajo, la estrategia suele consistir en hacer girar a la hembra hasta que ambos quedan vientre a vientre.

Una vez alineados, el macho inserta un clasper que se abre como un paraguas y queda fijado en las paredes de la cloaca de la hembra para la transferencia del esperma. El proceso puede durar de segundos a minutos. Dado que el apareamiento suele dejar cicatrices, las hembras de algunas especies desarrollan una piel más gruesa que los machos en zonas propensas a las mordidas, como una especie de armadura natural.

Al terminar, no hay vínculo alguno. Cada tiburón se aleja por su lado con signos de desgaste evidentes, la hembra con heridas y arañazos, el macho con claspers hinchados y ensangrentados. Ambos han consumido gran parte de sus reservas energéticas y tardarán días en recuperarse. Pero la misión está cumplida.

En raras ocasiones, las hembras de tiburón en cautiverio se han reproducido sin machos, una forma de parto virginal conocida como partenogénesis. Si bien es poco común en la naturaleza, destaca la flexibilidad reproductiva de estos fascinantes peces.

El cortejo y apareamiento de los tiburones forma uno de los capítulos más sorprendentes de la biología marina. Es un proceso que combina viajes migratorios, sentidos afinados y maniobras físicas exigentes. Lo poco que sabemos muestra un equilibrio fascinante entre la insistencia masculina y la resistencia femenina, entre la aparente violencia y la selección natural.

Estos comportamientos nos recuerdan que la reproducción no es un acto romántico ni violento en términos humanos, sino un mecanismo refinado por la evolución para asegurarse de que los tiburones, depredadores milenarios y fundamentales para el equilibrio de los océanos, sigan surcando los mares por millones de años más.

La reproducción de los tiburones es más que biología: es una historia de supervivencia, innovación y sabiduría evolutiva ancestral. La próxima vez que veas una bolsa de sirena varada en la playa o cicatrices en una hembra de tiburón sabrás que son señales de uno de los sistemas reproductivos más fascinantes del océano.

CAPÍTULO 5

Distribución y diversidad

Cuando se piensa en un tiburón, muy posiblemente se nos venga a la cabeza un gran ejemplar nadando de manera elegante en la superficie de aguas cristalinas sobre un fondo de arena blanca. Pero esta imagen tan solo representa una pequeña parte de la realidad. Los tiburones no solo habitan en lugares paradisíacos. También se encuentran en las oscuras aguas de las profundidades marinas donde no llega la luz, en zonas cercanas a los polos, en estuarios e incluso en ríos.

Algunos cruzan grandes distancias entre océanos, otros prefieren migrar cientos de metros en vertical, desde y hacia las profundidades, y también están los que permanecen toda su vida en una superficie reducida de costa o arrecife. Hay tiburones que caminan por el fondo marino sobre sus aletas y otros que nunca han sido filmados con vida.

Hay tiburones que habitan en los primeros metros de la columna de agua y están los que viven más allá de los 3500 metros de profundidad. Su largo camino evolutivo y su capacidad de adaptación han dado lugar a un amplio abanico de formas, tamaños y comportamientos. Sin embargo, su diversidad, como ocurre con la de muchos otros organismos, aún está por desvelar. Por un lado, cada año se descubren nuevas especies y adaptaciones, y, por el otro, algunas zonas oceánicas aún están por explorar, por lo que no sabemos qué especies pueden habitarlas.

¿Dónde viven los tiburones?

Los tiburones están presentes en todos los océanos del planeta, desde las regiones ecuatoriales hasta las zonas cercanas al Ártico y a la Antártida, y desde las aguas superficiales hasta las zonas profundas. Se han adaptado a multitud de hábitats aprovechando los recursos disponibles y demostrando una gran plasticidad ecológica.

Por ejemplo, los tiburones bambú o colilargas (*Chiloscyllium* spp.), habituales en el Índico, son de pequeño tamaño y acostumbran a quedarse en zonas someras, alimentándose de pequeños crustáceos. Algo similar ocurre con los tiburones cornuda o suños (*Heterodontus* spp.), que tienden a permanecer en arrecifes y montes submarinos o en zonas arenosas cerca de la costa.

Otros, como algunos tiburones sierra del género *Pristiophorus*, tienen distribuciones restringidas, presentando altos niveles de endemismo, aunque pueden habitar desde zonas cercanas a la costa hasta los 1240 metros de profundidad. Incluso se cree que algunos, como el tiburón sierra común (*Pristiophorus cirratus*), pueden realizar migraciones verticales en la columna de agua. Otras especies como el esquivo el tiburón boquiancho (*Megachasma pelagios*) o la tintorera (*Prionace glauca*) llevan a cabo migraciones verticales profundas, en el segundo caso de más de 1200 metros. Estos tiburones suelen seguir patrones diarios, la mayor parte del día se encuentran en la zona mesopelágica y por la noche se mueven hacia la zona epipelágica.

Los tiburones también habitan entornos extremos, como por ejemplo sucede con el de Groenlandia (*Somniosus microcephalus*), que vive en las gélidas aguas del Ártico en profundidades que pueden superar los 2600 metros. Y lo consigue gracias a un mecanismo que consiste en mantener elevadas concentraciones de urea y de N-óxido de trimetilamina en sus tejidos, lo que impide la formación de cristales de hielo y mantiene sus órganos a pleno rendimiento. Esta especie de anticongelante natural hace que la carne de este tiburón sea muy tóxica —aun así, tratada y curada convenientemente, para algunos es un manjar (el hákarl islandés o 'tiburón fermentado'), apreciado en Islandia y Noruega—. Aunque si hablamos de profundidades, seguramente el caso más extremo es el de la pailona o tiburón portugués (*Centroscymnus coelolepis*), una especie de amplia distribución que puede habitar hasta los 3675 metros de profundidad.

Probablemente, el lado opuesto de estos animales de aguas profundas lo ocupan los tiburones caminantes del género *Hemiscyllium*, un grupo de tiburones tropicales que utilizan sus aletas para caminar por el fondo marino y las zonas intermareales, donde incluso llegar a salir del agua para capturar algunas de sus presas.

Cerca de la Antártida, en las frías aguas de la zona austral, también habitan tiburones como el dormilón antártico (*Somniosus antarcticus*), el melgacho granuloso (*Etmopterus granulosus*) o el cailón (*Lamna nasus*) (imagen 9). Por otro lado, existen especies adaptadas a moverse entre zonas salinas y fluviales, como el tiburón sarda (*Carcharhinus leucas*), que es capaz de entrar en los ríos y recorrer cientos de kilómetros aguas arriba desde su desembocadura.

Pero si hay que hablar de ríos, los verdaderos especialistas son los misteriosos tiburones de agua dulce del género *Glyphis*, que han logrado adaptarse a vivir en aguas con salinidad extremadamente baja. Las aguas de río tienen de media 0,5 gramos de sal por litro, mientras que la media de los océanos es de 35 gramos por litro. Si bien las tres especies de *Glyphis* son de agua dulce, solamente el tiburón del Ganges (*G. gangeticus*) parece exclusivo de este ambiente. Lamentablemente, son especies prácticamente desconocidas para la ciencia, hasta el punto de que en un momento se creyeron extintas. En la actualidad se encuentran amenazadas de extinción y sus poblaciones siguen disminuyendo drásticamente.

También hay especies que realizan grandes viajes oceánicos. En el tiburón ballena (*Rincodon typus*), por ejemplo, se han registrado migraciones de más de 27 000 kilómetros en el Pacífico —un viaje desde Panamá hasta la fosa de las Marianas en 841 días, lo cual sería como recorrer unas cinco veces Europa de este a oeste—.

En el año 2005 se registró la migración más larga conocida hasta la fecha de un tiburón blanco (*Carcharodon carcharias*). La protagonizó una hembra que realizó un viaje de ida y vuelta desde Sudáfrica hasta Australia, unos 20 000 kilómetros en nueve meses.

Asimismo, se han registrado largas migraciones estacionales en el tiburón tigre (*Galeocerdo cuvier*), que se mueve entre ecosistemas de arrecifes de coral en invierno y áreas oceánicas en verano. Estas migraciones de ida y vuelta abarcan más de 7500 kilómetros al año, mostrando una notable plasticidad en el uso de diferentes ecosistemas en el Atlántico noroeste cerca de las Bermudas.

Evidentemente, estos no son los únicos tiburones que migran grandes distancias. También lo hacen los tiburones martillo (*Sphyrna* spp.) y los de la familia Lamnidae, como el cailón, el marrajo (*Isurus oxyrinchus*) o el marrajo de aletas largas (*I. paucus*). Los peregrinos (*Cetorhinus maximus*), los tiburones zorros (*Alopias* spp.) y tiburones del género *Carcharhinus*, como, por ejemplo, el tiburón sedoso (*C. falciformis*) (imagen 10).

La distribución y patrones de movimiento de los tiburones está determinada por múltiples factores: la temperatura del agua, la salinidad, la profundidad, la disponibilidad de presas, la morfología del fondo y la existencia de hábitats singulares, como arrecifes o praderas de fanerógamas, entre otros.

Además, esta distribución puede cambiar a lo largo del ciclo de vida de muchos tiburones y a niveles temporales de mesoescala, ya sea por razones naturales, como la depredación, competencia, ciclos oceanográficos, o por causas antrópicas, como el cambio climático. En las últimas décadas se han desarrollado varias investigaciones sobre desplazamientos de especies hacia latitudes más altas o en mayores profundidades en respuesta a cambios antrópicos, como por ejemplo la construcción de presas, la presión pesquera o cambios en la temperatura del agua.

Conocer dónde habitan los tiburones es clave para la gestión de sus poblaciones y por tanto para su conservación. Algunas especies se encuentran en zonas muy específicas, lo que las hace más vulnerables a alteraciones locales. Otras son altamente migratorias y su gestión involucra a distintos países con diferentes legislaciones, lo que en ocasiones resulta más complejo. Lo cual nos lleva a otra pregunta: ¿cuántos tiburones hay en estas áreas?

¿Cuántas especies existen?

Cómo vimos en el capítulo anterior, los tiburones forman uno de los linajes evolutivos más antiguos del planeta, con más de 400 millones de años de evolución. Todo este tiempo adaptándose a las condiciones de un planeta vivo y dinámico han originado una gran diversidad de especies.

Hasta la fecha se han descrito 560 especies de tiburones, un número que sigue aumentando año tras año con la descripción de nuevas especies que se clasifican siguiendo un orden predefinido.

En ciencias naturales existe una rama llamada taxonomía, que es la ciencia que clasifica cada una de las especies de una manera ordenada y jerárquica. En biología, esta clasificación se basa en las relaciones de parentesco entre los organismos y en su historia evolutiva. Este sistema está compuesto por taxones, esto es, por grupos de organismos emparentados, con fuerte evidencia de que cada grupo es monofilético, es decir, que incluye a un ancestro común y a todos sus descendientes.

En el año 1735, el médico y naturalista sueco Carlos Linneo publica su libro *Systema naturæ, sive regna tria naturæ systematice proposita per classes, ordines, genera et species,* en el que se establecen las principales divisiones taxonómicas. Por ello, actualmente se siguen las llamadas categorías linneanas: reino, filo o *phylum*, clase, orden, familia, género y especie. Cada categoría puede tener subrangos taxonómicos. Siguiendo estos criterios y utilizando algunos subrangos para ubicar de una manera precisa a estos animales yendo de lo más general a lo más particular, los tiburones pertenecerían al reino Animalia; filo Chordata; subfilo Vertebrata; infrafilo Gnathosthomata; parvfilo Chondrichthyes; clase Elasmobranchii, subclase Neoselachii, infraclase Selachii. Si os parece complicado, lo será aún más cuando sepáis que la taxonomía, como otras ciencias, es dinámica y estas clasificaciones van cambiando con el tiempo. Pero desde ahora nos centraremos en los subgrupos más importantes que agrupan a los tiburones: orden, familia y especie, en orden descendente.

Los tiburones, como hemos explicado, son muy diversos y están agrupados en nueve órdenes: los que carecen de aleta anal incluyen a los Hexanchiformes, Squatiniformes, Pristiophoriformes, Echinorhiniformes y Squaliformes; los que sí tienen aleta anal son los Heterodontiformes, Orectolobiformes, Lamniformes y Carcharhiniformes.

Hexanchiformes: este grupo tiene siete especies y dos familias. Se caracterizan por tener una sola aleta y de seis a siete aperturas branquiales posiblemente una adaptación temprana a un entorno de aguas profundas pobre en oxígeno (figura 4). Es el grupo más primitivo de los tiburones modernos, cuyos fósiles datan de hace aproximadamente unos 200 millones de años. En este grupo se encuentran grandes tiburones como la cañabota gris (*Hexanchus griseus*), que puede llegar a superar los 5 metros de longitud, habita en aguas hasta 2500 metros de profundidad y tiene una distribución amplia en todos los océanos. Otras especies muy interesante son los enigmáticos tiburones anguila, de los que solo conocemos dos especies, el tiburón anguila (*Chlamydoselachus anguineus*) y el tiburón anguila africano (*C. africana*). A menudo se suele referir a ellos como fósiles vivientes por sus características de tiburón primitivo, particularmente su cabeza, que más parece la de un saurio que la de un tiburón. El *C. anguineus* habita en el Pacífico y el Atlántico y puede vivir hasta los 1520 metros de profundidad. Entre los Hexanchiformes también podemos encontrar a las únicas dos especies de tiburón que cuentan con siete branquias: el tiburón de siete branquias (*Heptranchias perlo*), de distribución global irregular excepto en el Pacífico nororiental, que puede habitar hasta los 1000 metros de profundidad, y el tiburón vaca (*Notorhynchus cepedianus*), también de distribución global irregular excepto en el Atlántico norte; este es el único hexanchiforme que vive principalmente en aguas inferiores a los 100 metros, si bien se ha registrado cerca de los 600 metros.

Figura 4
Cañabota o cañabota gris (*Hexanchus griseus*), orden Hexanchiformes.

Fuente: A. Marcuello y C. Barría.

Squatiniformes: este grupo, conocido como tiburones ángel o angelotes, está compuesto por solo una familia con 24 especies. Se caracterizan por tener un cuerpo aplanado y la boca terminal, es decir, ubicada al frente de la cabeza (figura 5). Algunos los confunden con las rayas, pero a diferencia de estas, los angelotes no tienen las aletas pectorales fusionadas con el cuerpo y sus aberturas branquiales están en posición lateral, no ventral. Un representante destacado es el angelote común (*Squatina squatina*) (imagen 14) que habita en el noreste del Atlántico y en el Mediterráneo. Si bien es un tiburón que vive cerca de las playas, se le puede encontrar hasta los 150 metros de profundidad y puede llegar a medir 2,4 metros de longitud. Otra especie interesante, el angelote del Pacífico (*S. californica*), habita en el Pacífico noreste, puede vivir hasta 100 metros de profundidad y alcanzar 1,5 metros de longitud. Es importante señalar que esta familia de tiburones es de las más amenazadas en el mundo.

Figura 5
Angelote común (*Squatina squatina*), orden Squatiniformes.

Pristiophoriformes: este es el grupo de los conocidos como tiburones sierra. Consta de diez especies dentro de una sola familia. Como ocurre con los angelotes, no debemos confundirlos con los peces sierra, que son rayas de la familia Pristidae. Se caracterizan por tener un hocico alargado y dentado, similar a una sierra. Tienen además barbillas sensoriales en el rostro y de cinco a seis hendiduras branquiales (figura 6). Un fiel representante de este grupo es el tiburón sierra común (*Pristiophorus cirratus*), que habita en las costas de Australia y el sur de África, entre 40 y 630 metros de profundidad. Puede alcanzar hasta 1,5 metros de longitud. Otras especies interesantes son las de género *Pliotrema*, pues se trata del único grupo de tiburones fuera del orden Hexanchiformes que cuentan con seis aberturas branquiales en lugar de las cinco habituales. Hasta hace solo unos años se creía que existía solo una especie con estas características, el tiburón sierra sudafricano (*Pliotrema warreni*), pero en el año 2020 se describieron dos nuevas especies a partir de colecciones de museos: el tiburón sierra de Kaja (*P. kajae*) y el tiburón sierra de Anna (*P. annae*), un claro ejemplo de lo poco que sabemos de estos animales.

FIGURA 6
Tiburón sierra común o narigudo (*Pristiophorus cirratus*), orden Pristiophoriformes.

Echinorhiniformes: este grupo, conocido como tiburones espinosos, incluye solo dos especies y una familia. Se caracterizan principalmente por tener su piel cubierta de dentículos dérmicos robustos en forma de clavos, de ahí su nombre, y por la posición retrasada de las dos aletas dorsales, situadas muy juntas y pegadas a la caudal (figura 7). El tiburón de clavos (*Echinorhinus brucus*) habita en el Atlántico, el Índico, el Pacífico y el Mediterráneo a profundidades de hasta 900 metros y puede alcanzar los 4 metros de longitud. La otra especie de este orden, el tiburón espinoso (*E. cookei*), vive en aguas profundas del Pacífico hasta los 1100 metros de profundidad y puede llegar a medir 4,5 metros de longitud. Ambas son especies muy poco conocidas y, además, el tiburón de clavos se encuentra en peligro de extinción.

FIGURA 7
Tiburón de clavos (*Echinorhinus brucus*), orden Echinorhiniformes.

Squaliformes: este orden está compuesto por 142 especies agrupadas en seis familias. Poseen un cuerpo cilíndrico y aletas dorsales más adelantadas que en los tiburones de clavos, en ocasiones dotadas de espinas. Tratándose de un grupo tan numeroso, podemos encontrarnos con múltiples y sorprendentes ejemplos de adaptaciones al medio (figura 8). Podemos destacar a la mielga (*Squalus acanthias*), que habita en aguas frías y templadas de todo el globo hasta los 1980 metros de profundidad. Alcanza los 2 metros de longitud y es uno de los tiburones más capturados del mundo. Otra especie muy peculiar es el tiburón cigarro o tiburón cortador de galletas (*Isistius brasiliensis*), un pequeño depredador de grandes animales —en realidad, más que depredador, es un ectoparásito— que habita en las aguas profundas hasta los 3700 metros. Pese a que no supera los 56 centímetros, es capaz de causar grandes heridas a sus víctimas. Una vez que se fija al cuerpo de la víctima, corta y arranca un trozo de carne redondeado, dejando una característica herida en forma de cráter. En este grupo también tenemos el tiburón más pequeño del mundo, el linterna enano (*Etmopterus perryi*), que puede llegar a los 29 cm de longitud. Estos pequeños tiburones habitan entre los 190 y 600 metros de profundidad en el Atlántico centro-occidental.

FIGURA 8
Tiburón cerdo (*Oxynotus centrina*), orden Squaliformes.

FUENTE: A. MARCUELLO Y C. BARRÍA.

Heterodontiformes: este grupo, llamado también tiburones cornudos o suños, está compuesto por diez especies agrupadas en una familia. Se caracterizan por tener una cabeza robusta con crestas óseas sobre los ojos y dos aletas dorsales con espinas. La especie más conocida es el tiburón de Port Jackson (*Heterodontus portusjacksoni*), común en las costas del sur de Australia y Nueva Zelanda, que vive en arrecifes costeros hasta los 275 metros de profundidad. Es una especie relativamente pequeña que puede alcanzar 1,65 metros de longitud. Otra especie de tiburón cornudo interesante es el de Galápagos (*H. quoyi*), con un hábitat muy restringido, endémico del este del Pacífico tropical y que vive en arrecifes rocosos y coralinos hasta 40 metros de profundidad, puede medir hasta 1 metro y prefiere estar en las zonas más frías de las islas Galápagos (figura 9).

FIGURA 9
**Tiburón de Port Jackson (*Heterodontus portusjacksoni*),
orden Heterodontiformes.**

FUENTE: A. MARCUELLO Y C. BARRÍA.

Orectolobiformes: este orden alberga a 45 especies, en general de aguas templadas cálidas a tropicales, agrupadas en siete familias. Se caracterizan porque sus ojos están situados detrás de las comisuras bucales, las narinas poseen barbillones y las aletas dorsales carecen de espinas (figura 10). Aunque no es de los grupos más numerosos, presenta una gran diversidad de formas, en algunas familias con un sofisticado despliegue de patrones de color y estructuras dérmicas en la cabeza que semejan algas. El representante más destacado es el tiburón ballena, el pez más grande del mundo, que puede sobrepasar los 18 metros. Esta especie tiene una distribución circuntropical —incluso se ha visto por el Mediterráneo— y puede llegar a profundidades de hasta 1928 metros. Aquí también se encuentran los tiburones alfombra del género *Orectolobus*, característicos habitantes aplanados de las zonas costeras bentónicas. Otra especie muy conocida es el tiburón nodriza (*Ginglymostoma cirratum*), común en los arrecifes del Atlántico occidental hasta los 130 metros de profundidad y que puede llegar a medir 3 metros. Es importante no confundirlo con el tiburón nodriza leonado que vive en el Índico (*Nebrius ferrugineus*).

FIGURA 10
Tiburón ballena (*Rhincodon typus*), orden Orectolobiformes.

FUENTE: A. MARCUELLO Y C. BARRÍA.

Lamniformes: este orden agrupa a 16 especies distribuidas en ocho familias, más de la mitad de un único miembro, lo que da cuenta de la insólita diversidad de un grupo tan pequeño. Se caracterizan por su cuerpo cilíndrico de forma hidrodinámica, morro en general cónico y ojos sin membrana nictitante. Suelen ser tiburones de gran tamaño. Muchos son nadadores rápidos y algunos pueden regular su temperatura corporal por encima de la del medio. Aquí tenemos a los grandes pelágicos como el tiburón blanco, el cailón, los tiburones zorro o el marrajo —el más rápido del mundo que puede alcanzar los 74 km/h—, todos ellos con una amplia distribución alrededor del mundo (figura 11). En este grupo también se encuentra uno de los más extraños, el famoso tiburón duende (*Mitsukurina owstoni*), que tiene una gran prolongación cefálica aplanada que da lugar a su nombre. Es el único tiburón de este grupo y habita en ambientes profundos, hasta los 1300 metros. Puede medir hasta 4 metros y tiene una distribución extensa pero muy irregular en el Atlántico, el Índico y el Pacífico. En este orden también están dos de los tres grandes filtradores, el tiburón peregrino, que habita principalmente en el Atlántico y Pacífico, aunque también se adentra en el Mediterráneo, y el tiburón boquiancho, descrito en 1983, y del cual se asume que se distribuye en aguas templadas cálidas y tropicales de todo el mundo. Aunque es un tiburón de gran tamaño (9 metros de longitud máxima) se han avistado poco menos de 300 ejemplares en toda la historia.

Figura 11
Tiburón marrajo (*Isurus oxyrinchus*), orden Lamniformes.

Fuente: A. Marcuello y C. Barría.

Carcharhiniformes: es el orden más diverso de todos los tiburones, con 303 especies agrupadas en 12 familias. Se caracterizan principalmente por tener una membrana nictitante protectora en sus ojos. Aquí se encuentran por ejemplo los tiburones martillo, la tintorera (figura 12) o el tiburón tigre con su característico patrón de rayas y su gran tamaño, que puede superar los 5 metros de longitud. El tiburón tigre habita en océanos tropicales y templados cálidos y, aunque se le puede divisar cerca de la costa, puede llegar a vivir hasta los 1136 metros de profundidad. Pero en este grupo no hay solo grandes tiburones. En realidad, gran parte de este orden son pequeños tiburones como las pintarrojas (Scyliorhinidae) o los pejegatos de profundidad (Pentanchidae), adaptados a vivir sobre los fondos oceánicos. Dentro de los Carcharhiniformes también se encuentra el famoso cazón, uno de los más capturados y que actualmente se encuentra en peligro crítico de extinción. Esta especie de tamaño medio puede alcanzar una longitud máxima de 2 metros y vivir hasta los 826 metros de profundidad.

FIGURA 12
Tintorera (*Prionace glauca*), orden Carcharhiniformes.

FUENTE: A. MARCUELLO Y C. BARRÍA.

Como hemos visto, la diversidad de tiburones, de formas y de hábitats es extraordinariamente amplia, tanto entre grupos como dentro de un mismo grupo taxonómico. Sin embargo, conviene recalcar que la labor de clasificación no es un ejercicio meramente académico, sino una herramienta fundamental para la conservación de estas especies. Lo que hemos presentado aquí no es más que un breve esbozo que contiene solo algunas especies más o menos conocidas; de otros muchos tiburones, en cambio, no sabemos casi nada.

Paradójicamente, sabemos más de la superficie de Marte que de muchas de las especies de tiburones que habitan nuestras aguas, incluso en las zonas costeras. Conocerlos implica saber dónde viven, cómo se distribuyen y cuál es su papel dentro de los ecosistemas. Uno de sus principales roles es alimentarse de otras especies, de manera que es imprescindible conocer qué comen, cómo cazan y cómo influyen sus hábitos alimenticios en la estructura y equilibrio de las comunidades marinas.

CAPÍTULO 6

El papel de los tiburones en los ecosistemas

A lo largo de la historia del planeta, los tiburones han ido adaptándose a diferentes ambientes y se han especializado en cumplir diferentes funciones. Para muchos, son depredadores implacables, pero en realidad son reguladores de los ecosistemas con funciones diversas.

¿Qué comen los tiburones?

Para entender cuál es el papel que tienen los tiburones en el medio marino debemos enfocarnos en lo básico: qué comen y cómo lo hacen. Conocer su alimentación nos enseña qué adaptaciones se han producido en estos animales y también cuál es su posición en la cadena trófica. Los tiburones, como depredadores, determinan la estructura de la comunidad: modifican el comportamiento, la distribución y la diversidad de las presas.

Depredadores apicales: este es el grupo de los grandes depredadores que se sitúan en la parte alta de la cadena trófica. Aquí tenemos el tiburón blanco (*Carcharodon carcharias*) o el tiburón tigre (*Galeocerdo cuvier*). Todos se alimentan de peces grandes, tortugas, mamíferos marinos, incluso algunos de otros tiburones, como el carocho (*Dalatias licha*); ellos regulan las poblaciones de los demás peces y evitan la sobreabundancia de especies dominantes.

Depredadores de nivel medio: son tiburones medianos o pequeños que consumen peces, cefalópodos y crustáceos. Son el enlace intermedio, por lo que controlan las partes superiores e inferiores de las redes tróficas. Dentro de este grupo tenemos entre otros a la tintorera (*Prionace glauca*), algunas musolas (*Mustelus* spp.), las pintarrojas (*Scyliorhinus* spp.) y los olayos (*Galeus* spp.), entre muchos otros que consumen pequeñas presas.

Estos grupos de tiburones podemos clasificarlos como depredadores especialistas y generalistas, según cual sea su nicho trófico. Los tiburones especialistas son los que se alimentan de un grupo reducido o exclusivo de presas. Es el caso, por ejemplo, de los tiburones martillo (*Sphyrna* spp.), que son cazadores de rayas. Los tiburones cigarro (*Isistius* spp.) se alimentan arrancando trozos de animales mucho mayores y los tiburones nodriza (*Ginglymostoma* spp.) lo hacen casi exclusivamente de invertebrados bentónicos.

Por su parte, los tiburones generalistas son los que tienen un amplio grupo de presas de las que alimentarse. Dentro de este grupo se encuentra el cazón (*Galeorhinus galeus*) o la mielga (*Squalus acanthias*). Dentro del grupo de los generalistas también se encuentran los tiburones carroñeros, como por ejemplo la cañabota gris (*Hexanchus griseus*) o el dormilón del Pacífico (*Somniosus pacificus*), entre muchos otros.

Pero no todos los tiburones cumplen con el patrón de cazadores especializados o generalistas. Algunos han seguido caminos evolutivos muy distintos, como los filtradores. Dentro de este grupo encontramos el tiburón ballena (*Rhincodon typus*), el tiburón peregrino (*Cetorhinus maximus*) y el no menos espectacular tiburón boquiancho (*Megachasma pelagios*). Estos son fundamentales, ya que conectan directamente con la producción primaria y favorecen el transporte activo del carbono.

Estos tiburones filtran plancton y al migrar a aguas profundas transportan activamente en sus cuerpos el carbono adquirido en la superficie secuestrándolo en el océano profundo. Es importante destacar que los seres humanos en ningún caso formamos parte de las presas naturales de los tiburones; ellos se alimentan de otros animales marinos. Aunque no siempre son ellos los que se alimentan de otros, también sirven de alimento.

Tiburones como presas

Hay que reconocer que este concepto rompe estándares establecidos en el inconsciente colectivo, pero en la naturaleza, los tiburones, especialmente durante sus primeras etapas de vida, son una fuente de alimento para otros depredadores.

En ocasiones, pueden ser depredados por mamíferos marinos como las orcas (*Orcinus orca*). Estos odontocetos son depredadores apicales sumamente inteligentes que suelen cazar en grupo. Poblaciones específicas en Sudáfrica han desarrollado técnicas especializadas de caza, aprovechándose de la circunstancia de que los tiburones entran en un estado de inmovilidad tónica al ser volteados. Y así es como las orcas se comen el hígado de los tiburones blancos y cañabotas o tiburones gata (*Notorynchus cepedianus*). Por otra parte, se ha visto que otros mamíferos marinos como delfines y pinnípedos igualmente pueden alimentarse de tiburones pequeños o juveniles.

Otros depredadores como las águilas pescadoras o algunas gaviotas pueden también capturar tiburones muy pequeños en aguas superficiales; incluso se han registrado casos de cocodrilos depredando sobre tiburones pequeños.

Otra situación poco conocida es la depredación de tiburones por parte de otros tiburones, ya sea de su misma especie o de otra diferente. El canibalismo intraespecífico se ha registrado en varias especies, como en el tiburón toro (*Carcharias taurus*) o en el tiburón tigre (*Galeocerdo cuvier*), mientras otras, como la cañabota gris o el carocho (*Dalatias licha*), pueden alimentarse de otras especies de tiburones. Esto es una forma importante de regulación poblacional. Pero donde la vulnerabilidad es extrema es en los huevos y neonatos, esta es la etapa de mayor riesgo en el ciclo de vida de un tiburón. Las cápsulas y las crías recién nacidas son depredadas por una variedad enorme de animales de los que un tiburón en su etapa adulta seguramente no se preocuparía. Sobre ellos depredan peces óseos, invertebrados como cangrejos, cefalópodos que cazan neonatos o caracoles que perforan la cápsula para succionar el huevo de su interior. También existen tiburones especializados en depredar estas bolsas de sirena: los extraños cerdos marinos (*Oxynotus* spp.).

El papel de los tiburones como presa es fundamental para entender su ecología y los flujos de energía en los océanos. La presión de la depredación ha moldeado sus estrategias de supervivencia a través de su desarrollo evolutivo. Reconocer esta vulnerabilidad, especialmente en las primeras etapas de vida, es primordial para realizar medidas de gestión de sus poblaciones.

Competencia y estrategias de caza

La competencia es una interacción ecológica donde dos o más especies (o individuos) utilizan el mismo recurso limitado, como el alimento, el espacio o la pareja reproductiva. En el caso de los tiburones, la competencia por los recursos alimenticios es fundamental y en un espacio con muchas especies la competencia puede ser realmente dura.

En el mar los tiburones han de lidiar con otros peces depredadores de gran tamaño, como atunes y peces espada en el ambiente pelágico y merluzas o rapes en ambientes demersales. Aquí han de disputarse presas como caballas, jureles, calamares, sardinas y otros peces que pueden desplazarse en grandes cardúmenes o camuflarse en los fondos marinos.

Es en este entorno donde los tiburones pueden hacer uso de sus avanzados sentidos como el de la electrorrecepción (las ampollas de Lorenzini) que les permite detectar los campos eléctricos de presas enterradas o semiocultas, algo de lo que carecen los peces óseos. En este sentido, el caso de los tiburones martillo es extraordinario pues cuentan con una gran superficie repleta de estas ampollas que les ayudan a detectar a sus presas. Otras especies han ampliado la superficie de detección eléctrica alargando el morro, no hacia los lados, como los martillos, sino hacia adelante, como por ejemplo ocurre con el tiburón duende (*Mitsukurina owstoni*) o las viseras (*Daenia* spp.). Además, en los tiburones el sentido del olfato es extremadamente agudo, como ya hemos visto.

Para cazar, muchos tiburones utilizan la técnica de emboscada viniendo desde el fondo, donde son menos visibles, aprovechando su coloración críptica, oscura por arriba y clara en su zona ventral. Uno de los que usan esta técnica para cazar es el angelote, quien descansa quieto y camuflado sobre el fondo esperando por una presa que se acerque lo suficiente. Y entonces, a una velocidad de vértigo, el tiburón levanta la cabeza y proyecta su mandíbula atrapando a los pequeños peces o invertebrados que han tenido la mala fortuna de estar en el lugar equivocado.

A diferencia de muchos peces óseos, la mandíbula y dentición de los tiburones están diseñadas para infligir heridas mortales o incapacitar a sus presas de una sola mordedura. Aunque los tiburones compiten con algunos peces óseos por las presas, pueden evitar la competencia directa explotando otros recursos o utilizando estrategias diversas.

Una situación similar ocurre entre los mamíferos marinos, quienes pueden disputarse presas con alto contenido energético, como leones marinos, focas, atunes e, incluso, otros tiburones. Aquí los mamíferos marinos tienen ventajas al cazar en grupo. Se han documentado casos de exclusión competitiva, donde los tiburones huyen de las zonas de caza de grandes mamíferos marinos.

Ante situaciones de recursos limitados, algunas especies pueden realizar particiones de nicho trófico. Se trata de un proceso por el cual los organismos competidores coexisten mediante el uso de los recursos en diferentes escalas. El caso de los martillos y el tigre suele ser muy pedagógico para explicar dicha partición.

El tiburón martillo tiene un nicho trófico principal, es un cazador especializado en fondos arenosos y aguas cercanas al fondo. Sus presas por excelencia son las rayas que se camuflan en la arena, junto con los cangrejos y otros peces bentónicos. Como ventaja adaptativa, tiene su cabeza en forma de martillo, lo que le proporciona una visión binocular óptima para localizar presas en este ambiente y un mayor número de ampollas de Lorenzini, lo que le permite ser un "detector especialista" de campos eléctricos, encontrando presas enterradas bajo la arena. Prefiere cazar de día, cuando puede aprovechar al máximo esta visión panorámica.

El tiburón tigre, por su parte, es un cazador oportunista y generalista y como tal prácticamente cualquier presa le resulta adecuada. Su alimentación incluye desde tortugas hasta aves marinas, mamíferos marinos e incluso carroña. Como ventaja adaptativa, posee una dentición única, dientes en forma de gancho con bordes aserrados, lo que les permite cortar y desgarrar grandes presas. Además, es mucho más activo durante la noche y el crepúsculo.

Estas dos especies pueden coexistir en la misma zona, dividiendo los recursos "tiempo" y "espacio de caza", y de esta manera evitan el enfrentamiento. Esta situación es muy común en los océanos. La segregación reduce la competencia y permite que las especies prosperen en el mismo medio. Sucede lo mismo con la capacidad para adaptarse a diferentes fuentes de alimento.

Plasticidad trófica

La plasticidad trófica es la capacidad de una especie para modificar su dieta, comportamiento de alimentación y estrategia de caza en respuesta a cambios en su entorno. Los tiburones son maestros en esto y les conviene serlo, sobre todo en tiempos de cambios rápidos como los que vivimos actualmente, producto del calentamiento climático. Estos cambios ponen a prueba su flexibilidad trófica, una ventaja evolutiva que puede marcar la diferencia entre la supervivencia y la extinción. En el Pacífico ocurre un evento oceanográfico denominado El Niño donde la temperatura del agua cambia y se produce un desplazamiento de presas. Ante esta situación, los tiburones deben adaptarse y consumir lo que esté disponible, mostrando una dieta atípica durante ese periodo. En los últimos tiempos estamos viviendo múltiples anomalías térmicas, pero confiemos en que los tiburones puedan adaptarse, no en vano han sobrevivido a lo largo de los últimos 400 millones de años.

La plasticidad alimentaria es por tanto un seguro de vida ecológico, pues permite adaptarse si una de sus presas principales desaparece, así como colonizar nuevos hábitats y sobrevivir a cambios ambientales. En el otro extremo tenemos la especialización extrema, como la del tiburón anguila (*Chlamydoselachus anguineus*), que come casi exclusivamente calamares, lo que puede hacerlos más vulnerables a cambios repentinos. Ya veremos si la plasticidad trófica les permite adaptarse con la suficiente velocidad.

Los que suelen adaptarse muy bien a diferentes medios son unos animales mucho más pequeños y discretos, que generalmente suelen pasar desapercibidos: los parásitos.

Los parásitos

Los tiburones no solo son depredadores, para algunas especies son un hábitat en sí mismo. Su gran superficie, la sombra que generan y las corrientes que fluyen sobre ellos, junto a los restos de comida y desechos que generan, los convierten en unos compañeros ideales para una gran diversidad de organismos.

Los parásitos obtienen beneficio a expensas de un huésped, en este caso, el tiburón, aprovechándose de él sin ofrecer nada a cambio.

Un grupo de parásitos muy curioso y poco conocido es el de los isópodos. Estos organismos suelen afectar las zonas de las branquias de numerosas especies. En el caso del género de parásitos *Gnathia*, uno de los más comunes, suele parasitar principalmente tiburones del orden Carcharhiniformes y Orectolobiformes. Son animales muy pequeños y no suelen ser muy específicos en su parasitismo.

Otro ejemplo son unos pequeños crustáceos llamados copépodos, los cuales, aunque no todos ellos son parásitos ni mucho menos, cuentan con una familia completa altamente especializada en parasitar tiburones pelágicos denominada Pandaridae. Solo esta familia presenta al menos 64 especies de ectoparásitos (parásitos que viven en la superficie exterior de otro organismo).

Estos copépodos especialistas en elasmobranquios se anclan firmemente a la piel, las aletas, las branquias e incluso en la boca y en las narinas usando unas estructuras modificadas en forma de gancho. Se alimentan de la sangre, la mucosidad y la piel del tiburón. Pueden causar irritación en la piel, generar daños en las branquias y en ocasiones ralentizar al tiburón por la elevada carga parasitaria, modificando su hidrodinámica. Sus principales víctimas son los tiburones pelágicos como la tintorera, el cailón o el marrajo, pero en nuestras aguas se han visto en tiburones demersales como la cañabota gris.

Otros organismos que en ocasiones modifican la hidrodinámica de los tiburones son las lampreas, unos peces sin mandíbula y cuerpo anguiliforme, casi tan antiguos como los tiburones. Son hematófagos: se alimentan de sangre utilizando su boca en forma de ventosa llena de dientes córneos para adherirse al cuerpo del tiburón, perforar su piel y succionar su sangre y fluidos corporales. Estos animales pueden parasitar a grandes tiburones, como a los tiburones peregrino.

Este tipo de parasitismo igualmente se ha visto con sanguijuelas de mar o hirudíneos. *Pontobdella* spp. es un género de sanguijuelas que, aunque solo tiene tres especies, parasita a más de 30 especies de tiburones de seis órdenes diferentes. Igualmente se han visto percebes (Cirripedia) fijándose al cuerpo de numerosos tiburones linterna de la familia Etmopteridae. El percebe se ancla al cuerpo del tiburón insertando su pedúnculo en el tejido muscular y afectando nada menos que a los órganos reproductores de su huésped, resultando en gónadas y pterigopodios menos desarrollados.

Del mismo modo, hay parásitos que habitan dentro de los tiburones; estos suelen ser muy pequeños y pasan desapercibidos para un observador común, pero son muy diversos. Aquí encontramos cnidarios como mixospóridos (Myxosporea) que habitan en tiburones como las mielgas (*Squalus* spp.), los angelotes (*Squatina* spp.) o los tiburones sierra (*Pristiophorus* spp.); gusanos planos (Platyhelminthes) como céstodos, monogeneos o tremátodos; gusanos redondos como nematodos (Nematoda) y acantocéfalos (Rotifera), todos parásitos internos de una diversidad enorme de tiburones. Lo más curioso es que muchos son parásitos específicos de ciertas especies. A modo de ejemplo, recientemente se ha descrito un nuevo género de parásitos asociado a la cañabota gris frente a las costas españolas, *Carrassoniella*. Lo que esto nos viene a decir es que aún queda muchísimo por estudiar y conocer con respecto a las relaciones de parasitismo. Aun así, no siempre sucede que los acompañantes de los tiburones les causan daños, hay otros tipos de relaciones.

Otras relaciones ecológicas

Quizás la relación más evidente para cualquier persona entre tiburones y otras especies es la que tienen con las rémoras (Echeneidae). Estos peces tienen un disco adhesivo plano y ovalado en la parte superior de la cabeza, se trata de una modificación de su aleta dorsal que actúa como ventosa.

Aunque la relación rémora-tiburón puede ser mutualista o comensal, la evidencia apunta mayoritariamente hacia un beneficio neto para la rémora y, en muchos casos, para el tiburón (limpieza), aunque con algunos matices. Sin embargo, es probable que haya efectos negativos si la carga de rémoras es muy elevada.

Aquí las rémoras tienen transporte gratis y, al estar asociadas a un gran depredador, están a salvo de otros depredadores, alimentándose de restos de alimentos del tiburón. Como beneficio para el tiburón, se ha observado que las rémoras pueden alimentarse activamente de los parásitos que viven sobre él, actuando como un "equipo de limpieza".

Otros que nadan en grupo junto a los grandes tiburones son los peces piloto (Carangidae), pero no necesitan adherirse, a diferencia de las rémoras. Tienen una relación de comensalismo: los peces piloto se benefician de la protección y se aprovechan de los restos de alimento que van dejando sus compañeros tiburones, quienes parecen ignorarlos por completo. Quién sabe, quizás, como creían los antiguos navegantes, los peces piloto los guían a algún lugar seguro.

Lo indiscutible es que los tiburones cumplen múltiples funciones, son útiles y proporcionan diversos servicios ecosistémicos.

Importancia ecológica

Como depredadores apicales y de nivel medio, los tiburones actúan como arquitectos de los ecosistemas, ejerciendo una regulación desde la parte alta de la cadena trófica. Solo con su presencia ya estructuran comunidades como los arrecifes de corales, donde sus presas y competidores van a actuar de manera diferente si ellos están presentes, modificando sus hábitos de vida. Del mismo modo, una comunidad bien estructurada evitará que especies invasoras puedan colonizar fácilmente determinadas zonas.

Igualmente, los tiburones regulan las poblaciones de herbívoros y de depredadores de nivel medio; si desaparecen, las poblaciones de herbívoros pueden agotar la producción primaria de una zona determinada o acabar con otros animales cercanos a la base de la cadena alimentaria. Es un efecto que se ha visto en algunas zonas y que se denomina cascada trófica. Una población saludable de herbívoros permitirá que los autótrofos puedan seguir captando el CO_2 de la atmósfera y liberando O_2 al océano. Del mismo modo, pueden actuar como controladores de salud de la población favoreciendo la selección natural mediante la depredación de peces más lentos, enfermos, viejos o heridos.

Algunos tiburones participan en el ciclo de nutrientes, actuando como carroñeros como es el caso de la cañabota gris, que se alimenta de animales muertos, permitiendo el reciclaje de la materia orgánica. Esto igualmente ocurre cuando muchos tiburones grandes mueren y llegan a los fondos oceánicos, donde se convierten en alimento de muchos otros organismos. Asimismo, estos animales participan en el transporte activo de carbono; algunos se alimentan en superficie y eliminan sus desechos metabólicos en zonas profundas, transportando así el carbono consumido en la superficie a zonas profundas, donde luego podrá ser reutilizado o almacenado en los fondos oceánicos. Esto es muy importante para el equilibrio de CO_2 atmósfera-océano.

Como podemos ver, los tiburones, lejos de ser una amenaza, tienen un valor incalculable para los océanos y para los seres humanos, directa o indirectamente. Los tiburones son indicadores de salud en los océanos, su presencia es una señal de un ecosistema marino equilibrado y resiliente. Su ausencia, por el contrario, es una alerta de que algo anómalo está ocurriendo en los océanos, como puede ser la contaminación, la sobrepesca o la degradación de los hábitats.

En los últimos años, los tiburones han sido utilizados por el ser humano desde diferentes perspectivas, como en actividades de ecoturismo, lo que suele presentarse como una justificación económica para promover su conservación, aunque ya hemos visto que no es necesaria esta especie de "coartada". Aun así, si se realiza de una manera responsable, observar tiburones en libertad resulta una buena forma de acercarlos a la sociedad. De ellos también se han extraído compuestos de interés para la biotecnología como el escualeno, un hidrocarburo usado en cosmética, vacunas y biocombustibles. El sistema inmunológico sin igual de los tiburones se utiliza como modelo para estudiar la resistencia a las infecciones, como modelos de cicatrización de heridas, lo que podría tener aplicaciones evidentes en medicina, e incluso algunas características de los tiburones han sido utilizadas en biomímesis, como su piel, que reduce la resistencia al agua y frena la acumulación de bacterias, dando lugar a materiales que reducen la fricción en aviones, barcos y equipamiento deportivo (trajes de baño), así como la creación de recubrimientos antibacterianos en hospitales.

Finalmente, en diversas regiones del mundo, los tiburones constituyen una fuente importante de proteínas para las poblaciones locales. Lamentablemente, esta situación ha llevado al descenso de las poblaciones de muchas especies, por lo que garantizar una pesca sostenible debiera ser una prioridad en la investigación pesquera.

En resumen, los tiburones tienen una importancia ecológica transversal en los océanos y cumplen un papel tan relevante que no se debe perder.

Imaginémonos los océanos como un castillo de naipes. Hay dos maneras de que se caiga una vez construido: quitando las cartas de abajo (la base), que sería el plancton, o quitando las de arriba: los depredadores apicales, los tiburones. Conservar estas cartas esenciales de los ecosistemas es responsabilidad de todos y todas.

CAPÍTULO 7

Tiburones en España

Aguas españolas y regiones biogeográficas

España tiene más de 8000 kilómetros de costa que se extienden tanto por el Atlántico como por el Mediterráneo, lo que permite albergar en sus aguas una increíble variedad de tiburones.

El mar español es una zona altamente heterogénea, rodea la península ibérica y también los archipiélagos de Baleares y Canarias, así como las ciudades autónomas de Ceuta y Melilla en el continente africano. Este gran volumen de agua se traduce en una amplia variedad de ecosistemas marinos: desde las frías aguas oceánicas en el norte, hasta los mares cálidos y con gran visibilidad en el Mediterráneo, con plataformas continentales poco profundas en prácticamente toda su extensión, cañones submarinos y montes aislados en mitad del océano y cerca del estrecho de Gibraltar.

En ciencia, por sus características oceanográficas, solemos dividir las aguas españolas en tres zonas.

El *Atlántico nororiental* abarca la costa cantábrica y atlántica de la península ibérica incluyendo, en el norte, a Galicia, Asturias, Cantabria y País Vasco, y en la parte occidental, las provincias de Huelva y Cádiz. Está influenciado por aguas frías y ricas en nutrientes y afloramientos costeros, especialmente en Galicia. Esta región se caracteriza por su alta productividad biológica, con extensas zonas de macroalgas, bancos de mejillones, merluzas, sardinas y boquerones. Además, es zona de paso de grandes cetáceos, como delfines y rorcuales. Los hábitats en esta zona incluyen fondos rocosos, playas arenosas, estuarios como las rías gallegas y marismas como Doñana.

Por su parte, el Mediterráneo occidental abarca desde el mar de Alborán y las costas de Andalucía hasta Cataluña y las islas Baleares. Se caracteriza por tener aguas más cálidas y salinas que las atlánticas, además de una menor renovación. En el Mediterráneo predominan las praderas de fanerógamas como la posidonia (*Posidonia oceanica*), esenciales para la vida en la costa. También destacan los corales, las esponjas y peces como los meros, las lubinas y las doradas. Suele haber además algunos endemismos, como por ejemplo la nacra (*Pinna nobilis*). Pese a ser un mar relativamente pequeño, los fondos rocosos, cuevas y áreas de coralígeno albergan una gran biodiversidad.

La tercera zona es Macaronesia (islas Canarias), situada en el Atlántico subtropical, posee aguas claras, oligotróficas y con influencias africanas. Cuenta con amplios sebadales (*Cymodocea nodosa*), arrecifes de coral y una gran abundancia de animales pelágicos. Sus aguas volcánicas y montes submarinos albergan especies muy poco comunes.

Estas zonas convierten a España en un verdadero mosaico submarino, que alberga una amplia oferta de hábitats donde los tiburones pueden desarrollar cualquier faceta de sus vidas, como zonas de cría, zonas de paso, zonas de alimentación o de reproducción. En conjunto, estas áreas ofrecen un corredor biológico único donde confluyen diferentes tipos de climas y productividades.

Diversidad y distribución de los tiburones en España

En España se han llegado a registrar hasta 76 especies de tiburones, lo que representa un porcentaje significativo de la

Tiburón toro, Durban, Sudáfrica.

Marrajo, País Vasco, España.

Tintorera, País Vasco, España.

Pintarroja, País Vasco, España.

Tiburón nodriza, Bimini, Bahamas.

Tiburón tigre, Bimini, Bahamas.

Cailón salmonero, Alaska, Estados Unidos.

Tiburón limón, Júpiter, Estados Unidos.

Tiburón cailón, Bretaña, Francia.

Tiburón sedoso, Revillagigedo, México.

Tiburón martillo gigante, Bimini, Bahamas.

Tiburón cebra, Maldivas.

Alitán, País Vasco, España.

Angelote común, Tenerife, España.

Tiburón ballena, Tofo, Mozambique.

Tiburón oceánico de puntas blancas, mar Rojo, Egipto.

diversidad de estos animales en Europa. Algunos, son visitantes ocasionales; otros han desaparecido en determinadas zonas. Esta riqueza se debe en gran parte a la diversidad de hábitats y la presencia en el Atlántico y el Mediterráneo. Para conocer de manera adecuada la diversidad de tiburones en España hemos de recurrir a la clasificación taxonómica explicada en el capítulo 5 de diversidad de tiburones y que ya tenemos muy por la mano. Existen nueve órdenes de tiburones y en aguas española tenemos ocho de ellos.

Hexanchiformes: de este grupo hay cuatro tiburones citados para España, tres de la familia Hexanchidae y uno de la familia Chlamydoselachidae.

Dentro de la familia Hexanchidae encontramos a la cañabota gris (*Hexanchus griseus*), una especie de aguas profundas registrada en las tres regiones biogeográficas españolas y que, en ocasiones, aparece como captura accidental en la pesca de arrastre. También se han avistado algunos ejemplares que llegan muertos a la costa tras ser pescados accidentalmente. Al tener flotabilidad positiva no se hunden una vez muertos.

Otro tiburón es el boquidulce o tiburón de siete branquias (*Heptranchias perlo*). No es tan abundante como la cañabota gris; sin embargo, es relativamente fácil de encontrar en las zonas cercanas al estrecho de Gibraltar. Su distribución en el resto de España es más bien irregular. La tercera especie presente es la cañabota atlántica (*Hexanchus vitulus*), de la cual se conoce muy poco y sus citas son dudosas; actualmente se debate si es sinonimia de otro taxón de *Hexanchus*. En la familia Chlamydoselachidae se encuentra el fantástico tiburón anguila (*Chlamydoselachus anguineus*), del cual, por su rareza, solo se han avistado unos pocos ejemplares en el Atlántico norte y en Canarias.

Squatiniformes: de este grupo hay tres tiburones citados para España de una única familia, Squatinidae. Sin embargo, los registros del angelote espinoso (*Squatina aculeata*) y el pez ángel (*S. oculata*) son dudosos y la mayoría antiguos, por lo que lo más probable es que hayan desaparecido del litoral español. El angelote común (*Squatina squatina*) ha encontrado una zona estable de cría en Canarias, especialmente en Tenerife, aunque se le puede encontrar en todo el archipiélago. En el resto de España, sus registros eran casi inexistentes y muy antiguos, se creía prácticamente desaparecido. Hasta que recientemente se detectó una zona en el estrecho de Gibraltar donde se les puede encontrar habitualmente, todo un rayo de esperanza para esta especie con una distribución tan restringida.

Echinorhiniformes: solo se ha registrado un representante en aguas españolas, el tiburón de clavos (*Echinorhinus brucus*). Pese a su gran tamaño y a las características inconfundibles que le dan la presencia de espinas en todo su cuerpo, en los últimos años no se han encontrado registros en el litoral español, por lo que es muy probable que se encuentre extinta en esta zona. Aunque la realidad de este misterioso tiburón es mucho más dramática. Los análisis históricos demuestran que fue localmente abundante. Actualmente puede considerarse extinto en la mayor parte de su distribución y su desaparición coincide con el surgimiento de la pesca industrial.

Squaliformes: este es uno de los grupos más diversos de España, con 24 especies agrupadas en seis familias. La familia Centrophoridae está compuesta por cinco tiburones, tres del género *Centrophorus*, llamados comúnmente tiburones quelvachos o galludos de espina, todos de mediano tamaño que se pueden encontrar en zonas profundas, el quelvacho común (*C. granulosus*), el quelvacho negro (*C. squamosus*) y el quelvacho pequeño (*C. uyato*), las tres en serio peligro de extinción. También se pueden encontrar otros dos tiburones pertenecientes al género *Daenia* que se caracterizan por tener el hocico pronunciado como una visera: la visera o tollo pajarito (*D. calceus*) y la visera o tollo flecha (*D. profundorum*), a estos dos tiburones solo se les puede encontrar en el Atlántico.

La familia Dalatiidae tiene tres especies en aguas españolas. El carocho o la negra (*Dalatias licha*), un tiburón de tamaño medio relativamente común, aunque ya en peligro, que en ocasiones se alimenta de otros tiburones demersales. El tollo cigarro dentón (*Isistius plutodus*), un pequeño tiburón que se alimenta arrancando trozos de vertebrados más grandes y que solo se ha avistado en Canarias, y el tiburón pigmeo espinoso o tollo pigmeo (*Squaliolus laticaudus*), uno de los tiburones más pequeños del mundo; este animal no suele superar los 25 centímetros de longitud y habita en las zonas profundas del Atlántico español.

La familia Etmopteridae está representada por cuatro taxones de tiburones de profundidad que destacan por su capacidad de bioluminiscencia. El tollo negro (*Centroscyllium fabricii*) habita en la zona batial del Atlántico norte y se caracteriza por su color oscuro y hábitos bentónicos. El tollo raspa (*Etmopterus princeps*) es el más grande de los etmoptéridos y suele encontrarse en aguas del Atlántico nororiental. Mientras que el tollo lucero liso (*E. pusillus*) es un pequeño habitante del Atlántico. Finalmente, el negrito (*E. spinax*), relativamente común en el Atlántico y el Mediterráneo, es una de las especies más estudiadas del grupo y se distingue por sus patrones de fotóforos (órganos que emiten luz) ventrales y laterales y su presencia cercana a taludes continentales.

La familia Oxynotidae incluye tiburones extraordinariamente peculiares, con un cuerpo robusto de sección triangular y piel rugosa, coronado por dos aletas dorsales muy altas y atravesadas por fuertes espinas. Vulgarmente son conocidos como tiburones cerdo por la forma peculiar de sus bocas. En España hay dos taxones: el tiburón cerdo común o cerdo marino (*Oxynotus centrina*), un pez bentónico presenete en la costa atlántica y mediterránea, es reconocible por su forma triangular y su piel rugosa, y el tiburón cerdo velero (*O. paradoxus*), que se distribuye solo en el Atlántico y se diferencia por su aleta dorsal alta y delgada.

Los tiburones de la familia Somniosidae o tiburones dormilones se caracterizan por su metabolismo lento y hábitos batiales. En aguas españolas hay siete especies registradas. Dentro de esta familia está la pailona (*Centroscymnus coelolepis*), relativamente común en zonas profundas del Atlántico y el Mediterráneo. Un animal similar es la sapata lija (*C. owstoni*), que se encuentra en el Atlántico español, aunque es mucho más escaso y de menor tamaño.

Otro tiburón de esta familia es la sapata negra (*Centroselachus crepidater*) que se caracteriza por su aleta caudal negra. Se le puede encontrar en las grandes profundidades del Atlántico. También está la bruja (*Scymnodon ringens*), otro depredador de tamaño medio que se distribuye en el Atlántico, con un cuerpo robusto y de hábitos demersales. Su temible dentadura figura entre las más grandes, en relación a su cuerpo, de todos los tiburones.

En aguas españolas también se ha registrado el tiburón de Groenlandia (*Somniosus microcephalus*), el vertebrado más longevo del mundo, capaz de alcanzar los seis metros de longitud. Su congénere, el tiburón boreal o pequeño dormilón (*S. rostratus*), es de menor tamaño, mide alrededor de un metro y está presente en el Mediterráneo y el Atlántico, con el que comparte los hábitos de aguas frías y profundas. Finalmente, tenemos la bruja o mielga terciopelo (*Zameus squamulosus*) que se distingue por su piel cubierta de dentículos tricuspidados y por su bioluminiscencia.

Otra familia dentro de este amplio orden es la Squalidae, que agrupa a los tiburones conocidos como cazones o galludos. En España se han registrado tres representantes de este grupo, fácilmente identificables por las dos espinas dorsales que utilizan como defensa. La mielga (*Squalus acanthias*) fue uno de los tiburones más frecuentes en nuestras costas con registros en las tres regiones españolas. Pero sus poblaciones se encuentran fuertemente amenazadas. El galludo (*S. blainville*), es igualmente una especie frecuente en aguas relativamente profundas del Mediterráneo y el Atlántico. En cambio, el galludo ñato (*S. megalops*) es menos común. Estas dos últimas especies son muy similares y se diferencian principalmente por detalles morfológicos en el hocico y en las aletas dorsales. Los tres son tiburones de tamaño medio cercanos a un metro de longitud.

Orectolobiformes: dentro de este orden encontramos dos tiburones de dos familias diferentes. En la familia Ginglymostomatidae encontramos el tiburón nodriza (*Ginglymostoma cirratum*), un pez de hábitos bentónicos y nocturnos que suele encontrarse en aguas costeras del Atlántico norte, si bien sin registros hace años, y en las Canarias, aunque es más bien rara. La familia Rhincodontidae tiene como único representante al tiburón ballena (*Rhincodon typus*), un filtrador de plancton que suele aparecer de vez en cuando por Canarias y también, de manera puntual, en el estrecho de Gibraltar, donde en ocasiones se adentran para visitar el Mediterráneo.

Lamniformes: dentro de este orden se encuentran algunas de los tiburones más emblemáticos. En aguas españolas están presentes once especies de seis familias diferentes. La familia Alopiidae tiene dos representantes en aguas españolas, el tiburón zorro de ojos grandes (*Alopias superciliosus*) y el tiburón zorro común (*A. vulpinus*). Ambos son conocidos depredadores pelágicos que se caracterizan por usar su larga aleta caudal, que puede llegar a superar la longitud corporal, que utiliza a modo de látigo para cazar pequeños peces pelágicos. Dentro de la familia Cetorhinidae se encuentra su único representante, el tiburón peregrino (*Cetorhinus maximus*), el segundo pez más grande del planeta (puede llegar a medir cerca de diez metros) y un especialista en la filtración de plancton. La familia Lamnidae está bien representada en aguas españolas por el famoso tiburón blanco (*Carcharodon carcharias*), el marrajo (*Isurus oxyrinchus*), el marrajo de aletas largas o carite (*I. paucus*) y el cailón (*Lamna nasus*), todos depredadores pelágicos rápidos, con un gran pedúnculo caudal dotado de fuertes quillas laterales que le proporciona una gran potencia de nado. En las costas atlánticas nos encontramos uno de los tiburones más extraños de este orden, el tiburón duende (*Mitsukurina owstoni*), único representante de la familia Mitsukurunidae. Un hocico extremadamente largo espatulado y su mandíbula superior extraordinariamente protráctil, coronada con unos dientes largos y afilados, le dan un aspecto inconfundible. Es una especie de aguas profundas relativamente frecuente que de vez en cuando cae en los aparejos de pesca.

Otra familia monoespecífica es Carchariidae, a la que pertenece el tiburón toro (*Carcharias taurus*). En la familia Odontaspididae tenemos al solrayo (*Odontaspis ferox*). Ambos son tiburones que suelen encontrarse cerca de la costa y se reconocen por sus dientes grandes y afilados que sobresalen de la boca siempre entreabierta, lo que les da un aspecto feroz, aunque son muy tranquilos. El tiburón toro casi no cuenta con registros en España; en cambio, el tiburón solrayo suele visitar cada cierto tiempo la isla del Hierro para descansar antes de dar a luz a sus crías.

Finalmente, en la familia Pseudocarchariidae tenemos al pequeño pero fiero tiburón cocodrilo (*Pseudocarcharias kamoharai*), una especie mesopelágica oceánica registrada en las Canarias, donde causó serios quebraderos de cabeza a la poderosa IT&T cuando se empeñó en mordisquear los primeros cables de fibra óptica que comenzaron a instalarse en los años ochenta del pasado siglo. En los últimos años ha habido muy pocos avistamientos.

Carcharhiniformes: este es el orden más diverso de tiburones. Concretamente, en España hay 30 taxones pertenecientes a cinco familias diferentes. La familia Carcharhinidae incluye 11 taxones y varios tiburones conocidos. Uno de ellos es el tiburón oceánico (*Carcharhinus longimanus*) (imagen 16), el jaquetón de Milberto, también llamado tiburón gris o trozo (*C. plumbeus*), el tiburón sedoso (*C. falciformis*), el tiburón de puntas negras (*C. limbatus*), el tiburón tigre (*Galeocerdo cuvier)* o la tintorera (*Prionace glauca*), todos ellos de gran importancia ecológica, pesquera y, recientemente, en el ecoturismo. También se han encontrado registros del jaquetón picoto, también llamado tiburón baboso o narizón

(*C. altimus*), el tiburón cobrizo (*C. brachyurus*), el jaquetón picudo o tiburón de aleta negra (C. brevipinna), el tiburón de Galápagos (*C. galapagensis*) y el jaquetón lobo o tiburón arenero (*C. obscurus*). Creemos que es importante señalar que a los tiburones del género *Carcharhinus* también se les llama jaquetones.

También dentro de los Carcharhiniformes están los tiburones de la familia Scyliorhinidae, son de pequeño tamaño y de hábitos bentónicos. En nuestras aguas contamos con dos especies, algunas muy abundantes, como la pintarroja (*Scyliorhinus canicula*) el tiburón más abundante en aguas españolas, mientras que el alitán (*Scyliorhinus stellaris*) presenta una distribución más restringida en fondos principalmente de roca; se le puede encontrar principalmente en el Atlántico norte y las Baleares.

Otro grupo de tiburones de pequeño tamaño, que hasta hace poco se incluían dentro de la familia Scyliorhinidae, es la familia Pentanchidae, con 7 especies registradas en aguas españolas. Una de las más abundantes es el olayo (*Galeus melastomus*), mientras que sus congéneres el olayo atlántico (*G. atlanticus*) y el olayo islándico (*G. murinus*) tienen una distribución restringida a la zona del mar de Alborán-Atlántico sur y Atlántico norte respectivamente.

También dentro de esta familia, en aguas españolas atlánticas se encuentran los enigmáticos tiburones del género *Apristurus*, conocidos como pejegatos, de los cuales hay cuatro especies, todas de mediano tamaño y aguas profundas: pejegato fantasma blanco (*A. aphyodes*), pejegato atlántico (*A. laurussonii*), pejegato narizón (*A. melanoasper*) y pejegato abisal (*A. profundorum*). Debido a la rareza de sus capturas, que está relacionada con la inaccesibilidad del hábitat donde se encuentran, hacen que sean especies muy poco conocidas para la ciencia.

Otra familia muy conocida es la Sphyrnidae, los tiburones martillo, inconfundibles por la forma singular de su cabeza. En España aparecen tres especies: la cornuda común (*Sphyrna lewini*), la cornuda (*S. zygaena*) y el tiburón martillo gigante (*S. mokarran*) (imagen 11). También hay citas antiguas de la cornuda ojichica (*S. tudes*), pero probablemente sea un error de identificación.

Otra familia conocida porque sus integrantes suelen ser pieza principal de muchas recetas es la Triakidae, la cual incluye tiburones costeros como el cazón (*Galeorhinus galeus*), la musola común (*Mustelus mustelus*), la musola pinta o dentuda (*M. asterias*) y la musola punteada (*M. punctulatus*). Lamentablemente, estos animales son cada vez menos abundantes en algunas zonas, como, por ejemplo, el Mediterráneo español donde ya no es fácil ver cazones, con excepción de Andalucía donde es más frecuente. Las musolas, por otro lado, son más comunes en Baleares, C. Valenciana y Canarias, aunque en otras zonas su presencia está disminuyendo.

Finalmente, dentro de este amplio grupo tenemos a la familia Pseudotriakidae, la cual está representada en aguas españolas por el musolón o musolón de aleta larga (*Pseudotriakis microdon*), un tiburón oceánico y batial, rara vez observado, con avistamientos en el Atlántico norte y en las Canarias.

La gran diversidad de tiburones en España refleja su historia, la complejidad de sus hábitats y la singularidad de sus aguas. Como hemos podido ver, aquí viven desde gigantes filtradores hasta pequeños depredadores de grandes profundidades, todos forman parte de un delicado equilibrio que sostiene la vida en los océanos. Conservar esta riqueza es conservar también la salud de nuestros mares y sus recursos para las futuras generaciones. Sin embargo, esta riqueza se enfrenta a grandes amenazas que necesitamos conocer para proteger a nuestros tiburones.

CAPÍTULO 8

¿Son los tiburones una amenaza?

La imagen del tiburón asesino o de un supuesto devorador de seres humanos es probablemente una de las creaciones más poderosas y persistentes de la cultura popular reciente. Como hemos visto, en algunas culturas esta percepción no es nueva, pero sí ha sido fuertemente reconstruida. Sin embargo, estas creencias no nacen de una realidad biológica.

La idea del depredador vengativo, que pese a las evidencias científicas sigue de algún modo todavía vigente en parte de la sociedad contemporánea, nace hace apenas cincuenta años y se alimenta de noticias alarmistas y por supuesto del impacto de la película *Tiburón* (*Jaws*, 1975), que instaló en el subconsciente de muchos a un ser de naturaleza casi mitológica.

Al contrastar la ficción con la realidad se desenmascaran muchos mitos. La supuesta amenaza que representan los tiburones para el ser humano es prácticamente insignificante. En el momento del encuentro entre un humano y un tiburón es mucho más probable que quien muera sea el tiburón.

Los supuestos ataques de tiburón

Los incidentes con tiburones generan fuertes emociones, sobre todo cuando se menciona la frase "ataque de tiburón", que conecta con emociones primarias relacionadas con el miedo. La elección de determinadas palabras en los medios, el *clickbait* y la amplificación en las redes sociales no hacen sino intensificar estas emociones y generar una percepción completamente distorsionada de la realidad. Considerando que muchas de las mordeduras de tiburón no tienen connotaciones agresivas, sino más bien son consecuencia de una equivocación, el organismo que estudia estos casos, el ISAF (The International Shark Attack File), clasifica las interacciones con tiburones en dos categorías. La primera son las mordeduras no provocadas, que son los incidentes en los que hay una mordedura a un ser humano dentro del hábitat natural del tiburón sin que haya habido una provocación previa. Aquí se incluyen las mordeduras por equivocación, por baja visibilidad, por exploración y en casos excepcionales por depredación. Esto es lo que muchos periodistas llaman ataque, no obstante, está lejos de la realidad. La segunda son las mordeduras provocadas, que ocurren cuando es el ser humano quien inicia la interacción. Aquí se incluyen casos de mordeduras a bañistas y buzos tras acosar o intentar tocar al tiburón, a pescadores submarinos, pecadores profesionales y a personas que alimentan a los tiburones.

Estadísticas globales

Si contextualizamos las estadísticas globales de incidentes con tiburones podemos poner el riesgo en su justa perspectiva. Según el ISAF, en el año 2024 se produjeron un total de 71 incidentes en todo el mundo, 47 de los cuales fueron calificados como no provocados y solo se produjeron cuatro muertes (8,5%). Este porcentaje coincide con el promedio de seis muertes al año en los últimos cinco años. Por lo tanto, utilizar el término genérico de *ataque* para describir un roce, una mordedura exploratoria no fatal o un caso provocado es inexacto y contribuye a una percepción pública errónea.

Es paradójico que en nuestra costa haya un nivel de obsesión tan grande considerando que la mayoría de los episodios se producen a miles de kilómetros de aquí y en España los incidentes son anecdóticos. Si evaluamos las estadísticas de 2024, 28 casos se produjeron en Estados Unidos (59,6%), 9 en Australia (19,2%) y 1 en Egipto, Maldivas, Sáhara Occidental, Belice, Polinesia Francesa, India, Mozambique, Tailandia y Trinidad y Tobago.

Tiburones que causan más incidentes

Teniendo en cuenta que los accidentes con tiburones son muy aislados y extremadamente improbables debemos conocer cuáles son las especies más implicadas en las interacciones con humanos. Como ya hemos comentado, existen 560 especies diferentes de tiburones y, aunque la identificación de los causantes de los incidentes siempre es complicada, se estima que solo el 6% del total de especies (35) han estado involucradas.

Se calcula que el 60% de las interacciones no provocadas entre humanos y tiburones han sido producidas por los "tres grandes": el tiburón blanco (*Carcharodon carcharias*), el tiburón sarda (*Carcharhinus leucas*) y el tiburón tigre (*Galeocerdo cuvier*).

Las incertidumbres con respecto a estos datos provienen principalmente de la facilidad de distinguir algunos tiburones sobre otros. Los tres grandes son más conocidos para el público general, mientras que otros *Carcharhinus* suelen ser más difíciles de identificar.

Hay tres motivos principales de por qué los tres grandes suelen estar involucrados en los principales incidentes. Por un lado, el tamaño y la fuerza, pues el tiburón blanco es el depredador marino más grande que existe, sus mandíbulas son fuertes y sus dientes están aserrados para capturar grandes presas. El tiburón tigre es un nadador muy robusto y sus mandíbulas son tan poderosas que pueden atravesar el caparazón de una tortuga. El tiburón sarda por su parte es de los más corpulentos y potentes, pueden superar los 450 kilogramos de peso corporal. Este tamaño y fuerza significan que en caso de un mordisco exploratorio el daño potencial es mayor, lo que hace que el incidente sea más grave y por tanto más reportado.

En segundo lugar, su hábitat: estos tiburones suelen frecuentar zonas donde es más probable encontrarse con humanos. El tiburón blanco suele patrullar zonas con alta abundancia de pinnípedos y zonas de rompiente, que son lugares muy habituales entre los surfistas. El tiburón sarda tiene la capacidad de tolerar aguas de baja salinidad y se les puede encontrar en estuarios y zonas fluviales, lo que aumenta el porcentaje de encuentro. Y el tiburón tigre, por su parte, tiene una amplia distribución en aguas tropicales y subtropicales costeras, lo que también aumenta la probabilidad de encuentro con humanos.

Por último, su curiosidad, pues se caracterizan por ser exploratorios y por tener una dieta generalista, especialmente el tigre y el sarda. Investigan su entorno usando todos sus sentidos, incluida la boca. En entornos altamente dinámicos, una silueta puede ser confundida con algunas de sus presas. Ante algunas situaciones pueden realizar una "mordedura de prueba o exploratoria", que es un comportamiento de exploración y no un intento de caza dirigida hacia humanos.

Aun así, el riesgo sigue siendo ínfimo. Es fundamental conocer que el riesgo real que representan los tiburones para los humanos es insignificante, cuando se lo compara con otros peligros.

¿Son realmente peligrosos?

Ya hemos visto que los tiburones tienen una tasa de incidentes con humanos casi despreciable, pero ¿cuáles son los animales que representan un mayor peligro para el ser humano? La respuesta es clara, la especie que más muertes provoca a los seres humanos es el propio ser humano. Según la ONU, son alrededor de 550 mil personas al año, considerando homicidios y muertes en conflictos armados. Nos siguen los mosquitos, con aproximadamente 750 mil muertes; estos actúan como transmisores de enfermedades como la malaria, el dengue, el zika y la fiebre amarilla. No obstante, aquí hay que discriminar entre varias especies: por ejemplo, el mosquito tigre (A*edes albopictus*), el mosquito de la fiebre amarilla (A*edes aegypti*) o el mosquito común (*Culex pipiens*), entre muchos otros.

Otros causantes de muertes en humanos son las serpientes, que provocan alrededor de 100 mil muertes al año. Aunque, del mismo modo, en este grupo hay más de 2000 especies diferentes y no todas son peligrosas para nosotros. La que causa más muertes es la víbora gariba (*Echis carinatus*), que habita principalmente en la India y es responsable de casi la mitad de todas estas muertes.

Con menos muertes provocadas en seres humanos se encuentran los perros, el caracol de agua dulce, la mosca tsetsé, los chinches, los escorpiones, los cocodrilos, los hipopótamos, los elefantes y muchos otros animales que matan a más de 100 personas cada año.

Los tiburones, con un promedio de menos de diez muertes anuales, se encuentran a años luz de los primeros clasificados en este *ranking*. Hay tanta preocupación por los tiburones que muchas personas olvidan que en el mar lo más peligroso son nuestros comportamientos. Cada año se estima que mueren ahogadas más de 300 mil personas. En el mar hay multitud de factores que no controlamos y hay otras especies que también pueden generar peligros potenciales. Las personas no formamos parte de la dieta de los tiburones y gran parte de los episodios son por mordiscos exploratorios, que además son insignificantes si los contrastamos con peligros mucho más cotidianos.

Interacciones entre humanos y tiburones

Entender qué sucede en un encuentro con un tiburón requiere analizar el comportamiento de ambas partes. Lejos de ser un monólogo de ataque desenfrenado, es un diálogo complejo donde las acciones humanas influyen directamente en el resultado. Eso es variable incluso según la especie y el individuo que interactúe.

Cómo se comportan los tiburones

Al contrario de la narrativa que se nos vende desde los medios y las películas, la reacción más común de los tiburones ante un humano es la de evitar el contacto. La mayoría de las especies son muy cautelosas y prefieren mantener la distancia ante un elemento tan grande y extraño en su entorno.

Sin embargo, hay casos en los que se puede producir un acercamiento digamos excesivo. Los tiburones son animales inteligentes y curiosos, no tienen manos ni brazos para acercarse y tocar, por lo que usan su boca, que es donde tienen más desarrollado el tacto. Una mordedura de prueba es una de las técnicas utilizadas para saber si algo es comestible. No es un acto de agresión, es un acto de exploración.

Los tiburones se pueden sentir atraídos por estímulos como las vibraciones y los movimientos erráticos puesto que son propios de algunas de sus presas. La línea lateral es capaz de detectar estas vibraciones, similares a las que genera un pez herido, que pueden producirse por un nadador chapoteando o un surfista cayendo de la tabla. Algo similar ocurre con los destellos y contrastes, ya que la visión de muchos tiburones está particularmente adaptada para detectarlos. Las joyas, los bañadores de colores brillantes o las aletas contra un fondo oscuro pueden llamar su atención y provocar un acercamiento. Aunque, una vez que están cerca y han comprobado lo que hay, lo más probable es que terminen perdiendo el interés y se vayan.

Actualmente, existen muchímos registros de vídeos, captados desde la playa o desde drones, donde se observa cómo algunos tiburones, incluidos los tres grandes, se acercan a las personas de manera tranquila para luego perder el interés, sin mostrar ninguna señal de agresividad.

Cómo nos comportamos nosotros

La reacción más extendida ante la presencia de un tiburón es el miedo, incluso cuando solo se pronuncia la palabra estando en el mar, alimentado durante décadas por la cultura popular. Este miedo genera un comportamiento que en muchos casos puede ser contraproducente como una huida en situación de pánico e incluso golpear al animal, lo cual no es nada aconsejable. Los tiburones, como otras criaturas marinas, están en su hábitat y merecen respeto, por tanto, lo recomendable es comportarse de una manera adecuada. Si se avista un tiburón, lo fundamental es no entrar en pánico y no perder el contacto visual. Mantener la calma, la posición y no hacer movimientos bruscos. Si la persona quiere alejarse, lo ha de hacer de manera lenta y controlada.

En zonas de tiburones, se debería evitar nadar en aguas turbias, al anochecer y al amanecer, ya que son los momentos de mayor actividad alimenticia; evitar nadar entre cardúmenes de peces o donde haya aves zambulléndose; no utilizar joyas ni trajes, máscaras, aletas o tubos de alto contraste, y en su lugar escoger vestimenta oscura y nadar en grupo. Esto no solo vale para los tiburones, sino que es una recomendación general para evitar todo tipo de riesgos en el mar.

La palabra *tiburón*, en un ambiente marino, genera tanta emoción y nerviosismo que inmediatamente pensamos en el devorador de humanos. En raras ocasiones evoca un tranquilo angelote, un paciente tiburón dormilón o un hábil cazón, y menos recuerda la importancia que tienen en los ecosistemas.

Los tiburones no son depredadores de humanos ni los monstruos que popularizó Spielberg. Hoy en día, las redes sociales y los medios digitales cumplen un papel similar al de aquella película, magnificando y *viralizando* contenidos que no siempre están contrastados, perpetuando así el mito de forma interesada. La realidad es que el ser humano es mucho más peligroso para los tiburones Cada año mueren alrededor de 100 millones de tiburones a causa de la pesca, tanto dirigida como accidental.

CAPÍTULO 9

La representación de los tiburones en el arte a través de la historia

El arte funciona como una lente a través de la cual las sociedades observan, dan sentido y representan el mundo que las rodea, y nace con la necesidad de expresar nuestra propia existencia frente a un mundo cambiante y dinámico. Desde la aparición de los primeros homínidos hasta la actualidad, ha sido utilizado como una exteriorización de nuestros pensamientos y emociones.

Si bien los primeros homínidos no tuvieron mayor contacto con los tiburones al no frecuentar las zonas marinas, con el paso del tiempo, ambos grupos fueron convergiendo hasta convertirse el uno en una parte importante de la vida del otro. A lo largo de la historia, los diferentes pueblos y culturas fueron descubriendo a los tiburones de diversas formas. Algunas los consideraron dioses, otras, seres épicamente malvados, y una parte ha ido poco a poco reconsiderando esa negativa obsesión para reconocer su importancia como especie y por su papel clave en los ecosistemas, tan alejado de la mitología.

Lo cierto es que desde que ambos, humano y tiburón, coincidieron en un punto de la historia no han vuelto a olvidarse jamás el uno del otro. Una de las vías más importantes por las cuales estas criaturas encontraron un espacio en el imaginario colectivo fue la palabra escrita.

La imagen literaria

La literatura, como herramienta de transmisión cultural, ha ofrecido una tribuna donde los tiburones han sido descritos de múltiples maneras. En el siglo VIII a. C., Homero, a través del héroe Odiseo, se preguntaba si los tiburones que acechaban eran enviados de los dioses de las profundidades. Por lo visto, al rey de Ítaca no le hacían mucha gracia estos animales marinos. Seguramente, este es el registro escrito más antiguo que se tiene de los tiburones en la literatura.

Ya en el último tiempo numerosos literatos han retratado los tiburones desde diferentes perspectivas. Quizás la novela más conocida sea *El viejo y el mar*, escrita por Ernst Hemingway en 1952. En sus páginas, Santiago, un pescador cubano, debe vencer a los tiburones, que encarnan desafíos, para sobrevivir y así llevarse el trofeo, el gigantesco pez vela, un animal más grande que la barca o incluso que su propia fuerza interior.

Algo similar intenta describir Peter Matthiessen a través de la búsqueda del tiburón blanco en *Blue Meridian: The Search of the Great White Shark*, un relato real escrito en 1971. En este caso el trofeo es encontrar y filmar al tiburón blanco y contar los desafíos que van surgiendo a lo largo de la ardua y muchas veces frustrante travesía, situaciones a superar para conseguir esa recompensa que muchos anhelamos.

Por el contrario, si se trata de describir el pánico que los tiburones pueden provocar en algunas personas, una de las obras que mejor lo retrata es *Close to Shore*, del periodista Michael Capuzzo (1971). Capuzzo relata una famosa serie de incidentes fatales ocurridos en la costa de Jersey en 1916. Este conocido caso generó un temor superlativo y transversal en toda la sociedad estadounidense, lo que provocó una de las mayores persecuciones de tiburones de la historia y un gran rechazo hacia estas criaturas.

Otro libro que describe sucesos de incidentes históricos con tiburones fue *In Harm's Way* del historiador Doug Stanton, escrito en 2002. En él, relata con gran detalle las horas posteriores al hundimiento del USS Indianapolis, atacado en 1945 por el submarino japonés I-58. Stanton describe los peligros a los que se enfrentaron muchos de los soldados que perecieron y sobrevivieron en el que hasta el día de hoy es considerado uno de los mayores desastres de la marina estadounidense. Aquí los soldados tuvieron que hacer frente al sol, el hambre, la sed, las alucinaciones y, cómo no, a los tiburones. Muchos soldados murieron en terribles circunstancias, pero no está mal recordar que lo que había en ese barco eran armas atómicas destinadas a aniquilar a miles de seres humanos.

Pero si hay que hablar de una obra que generó una huella imborrable, sobre todo al haberse transformado en una de las películas más taquilleras de todos los tiempos, ese fue *Tiburón* de Peter Benchley. En él, definitivamente Benchley modificó, lo quisiera o no, la percepción del gran público hacia el gran y desconocido depredador del mar. El libro fue criticado inicialmente por la simpleza de sus personajes, incluso algunas de estas opiniones venían de un tal Steven Spielberg. A pesar de ello, esta obra que relata la fragilidad de Amity Island frente al temido tiburón nos rememora la sensación del miedo a lo desconocido, aunque como dijo Andrew Bergman en el *New York Times*, muchos de sus ataques vayan telegrafiados. Esta novela y sobre todo su adaptación cinematográfica, sin duda alguna, ha cambiado la manera en que vemos los tiburones, ha sembrado la fobia en muchas personas, pero también, por qué no decirlo, ha fomentado la investigación y dado alas a muchos de los biólogos marinos actuales.

Solo la discusión de este libro podría dar para un tratado, pero hay muchas otras obras interesantes que vale la pena mencionar, como por ejemplo *The House of Rust* de Khadija Abdalla, *Meg* de Steve Alten o *Shark Drunk* de Morten Strøksnes, entre muchas otras.

Donde seguramente nadie se espera que haya tiburones es en la poesía, un género literario donde la expresión de las emociones está íntimamente ligada a la belleza de la palabra. Sin embargo, en la literatura hay cientos de poemas que mencionan estos peces cartilaginosos. Algunos muy conocidos, como *The Maldive Shark* de Herman Melville, quien transmite la relación entre estos maravillosos animales y las rémoras o *Sharks' Teeth* de Kay Ryan, que examina de manera intrigante y cautelosa la imagen de este depredador.

Es frecuente que la representación de los tiburones a través de la poesía, al igual que en otras formas de arte, los presente como criaturas aberrantes o sangrientas. Un ejemplo claro la del autor Isaac McLellan's en su poema *The Bluefish*, donde escribe que los tiburones masacran y tiñen los mares de sangre. Sin embargo, es importante entender estas representaciones no como un reflejo de la realidad del animal, sino como símbolos que emergen de la visón del ser humano. Estos símbolos, generalmente fruto de siglos de incomprensión proyectan sobre el tiburón una carga metafórica que responde a una construcción artística.

Por este motivo queremos mencionar el *Poema del tiburón boreal* de Belén Castellano quien se impresiona con el tiburón de Groenlandia o *Podría ser un tiburón ballena* de Aimee Nezhukumatathil, que expresa lo grandioso que puede ser este animal. Poemas que muestran la cara amable que sin duda tienen muchas especies de elasmobranquios.

Pero, aunque el tiburón aparece en la literatura desde diferentes formatos, es evidente que la mayoría de las consideraciones están asociadas con sentimientos y expresiones negativas. De esta manera, el tiburón es utilizado como un portador de pánico, miedo o incluso de oscuridad; pocas veces se habla de la diversidad.

Frente a esta poderosa visión artística, existe un contrapunto basado en la evidencia. Este llega de la mano de la no ficción y la divulgación científica, que se convierte en una herramienta esencial para comprender la verdadera naturaleza de estos animales.

Textos que son fundamentales para comprender de forma objetiva, científica, el mundo natural y cada una de las criaturas que en él habitan, y que quizás sean de gran interés. Comenzaremos por uno de los padres del estudio de los tiburones en España, Juan Moreno García, quien escribió la *Guía de los tiburones de aguas ibéricas, Atlántico nororiental y Mediterráneo*. En ella, Moreno hace las primeras descripciones divulgativas de tiburones de nuestras costas, pensada para público especializado, pero también muy útil para público general; un libro esencial para conocer la diversidad de los tiburones y sus principales características.

Otra obra que seguramente ha influido en muchos niños y jóvenes fue *Tiburones del Mediterráneo*, de Joan Barrull e Isabel Mate, donde los autores cuentan interesantes particularidades de las especies del Mare Nostrum a partir de sus propias experiencias y conocimientos científicos de muchas especies hasta esa fecha desconocidas.

Es difícil mencionar todos los libros de tiburones publicados en España, pero seguramente estas dos son obras trascendentales e imprescindibles en el estudio de estas especies en España.

Fuera ya de nuestras fronteras, otras obras maestras en este campo, que no podemos dejar pasar, son *Sharks of the World* de Leonardo Compagno (1984), un libro de culto para todos los amantes de los tiburones. También está *Sharks and their Relatives*, editado en 2004 por Jeffrey C. Carrier y colaboradores, que contiene una cantidad de información sorprendente. Una de sus mayores fortalezas es que cada cierto tiempo sus autores se preocupan de incorporar en nuevas ediciones los avances más recientes que se producen en la ciencia de tiburones. Otros libros muy interesantes son *Chasing Shadows* de Greg Skomal y *Sharks of the World: A Complete Guide* de David Ebert y colaboradores, ambos de gran repercusión.

Pero los tiburones no solo han sido narrados a través de la ficción, no ficción y desde la ciencia. Estos animales marinos también han sido esculpidos, tallados, pintados y venerados, una manera diferente de trascender hasta nuestros días.

Construcciones visuales: escultura y pintura

En las culturas oceánicas, especialmente en las islas del Pacífico, los tiburones han sido esculpidos en madera y piedra. Lo más probable es que las primeras expresiones artísticas de los tiburones sean de los mayas y olmecas hace unos 3000 años. Estas obras aparecen en sitios costeros, pero de modo paralelo en poblados del interior, a cientos de kilómetros de las aguas donde probablemente fueron avistados o cazados. Aquí los tiburones aparecen como criaturas mitológicas veneradas por estas civilizaciones hasta el siglo VIII, cuando se produce el colapso de la civilización maya.

La importancia de los tiburones en la cultura mesoamericana es más que destacada. Eran considerados como parte de las divinidades, representados en grandes esculturas, vasijas y dibujos, bajo la denominación *xook*, palabra en la que algunos autores se han detenido para proponerla como uno de los posibles orígenes de la palabra inglesa *shark*. Al considerarse como parte de las divinidades, desde tiempos antiguos los pueblos mesoamericanos han mostrado a los tiburones a través de grandes esculturas, vasijas y dibujos.

Otra imagen interesante que podemos encontrar en varios monumentos, es el monstruo marino llamado por los pueblos mesoamericanos Cipactli. Este ser sobrenatural era un híbrido de al menos cuatro animales diferentes: con cabeza de cocodrilo, lengua y dientes de serpiente, o dientes de algún elasmobranquio, lo cual no sería descabellado ya que en algunas imágenes su hocico se prolonga como el hocico del pez sierra. Su cuerpo se manifestaba como un ser mitad pez, en ocasiones mitad cocodrilo, con una cola en forma de aleta caudal de tiburón.

Aunque si se trata de deidades, posiblemente una de las más bellas figuras sea la de Avatea, uno de los seis hijos de Vari-Ma-Te-Takere, la madre primordial. Avatea es considerado el dios de la luz en las islas Cook (Nueva Zelanda). Era el padre de todos los dioses y humanos que habitaban en las 15 islas que conforman el archipiélago. Los ojos de Avatea simbolizaban el sol y la luna. Era un dios híbrido, la mitad derecha era humana y la mitad izquierda, tiburón. Una escultura de Avatea se encuentra en Raratonga y está realizada en relieve sobre piedra basáltica, una roca ígnea presente en la mayor parte de la cubierta de la corteza oceánica.

De forma similar existen otras deidades construidas como esculturas, como el dios tiburón de los Fijis, Dakuwaqa, actualmente expuesto en el Louvre. Los jefes Cakaudroke son considerados sus descendientes y tienen un tótem de tiburón al que atribuyen poderes predictivos. Los pescadores del archipiélago de las Fiyi, compuesto por al menos 133 islas, consideran a Dakuwaqa un dios protector que les cuida y guía en las travesías marinas. Algo similar ocurría con Kamohoali'i, el dios tiburón en la cultura de los hawaianos que guiaba los barcos a puerto. Sus imágenes no son numerosas, ya que los hawaianos tradicionalmente transmitían sus historias y leyendas de forma oral. Sin embargo, se pueden encontrar algunas en el museo Bishop en Honolulu. Los hawaianos creían que los hombres más sabios se reencarnaban en tiburones. Un ejemplo contemporáneo es la escultura en bronce realizada por Kazu Kauinana en 2002. En ella se muestra a la diosa o princesa tiburón Ka'ahupahau, protectora de la gente de Ewa que habitaba en una cueva submarina en Honouliuli.

Es curioso apreciar que los pueblos antiguos que habitaban las islas del Pacífico, en contacto permanente con el mar, consideraban a los tiburones dioses o protectores, mientras al otro lado del mundo, en Occidente, esta situación no se consigue en ningún periodo histórico. Queremos pensar que estamos en una etapa de transición hacia una imagen de los tiburones más positiva.

Probablemente, la primera obra donde aparecen humanos y peces cartilaginosos tiene lugar en la isla de Ischia, en Nápoles, y data del siglo VIII a. C. Es un cuenco decorado con escenas de un naufragio donde los marineros intentan sobrevivir en medio de grandes peces marinos, seguramente entre ellos un tiburón lámnido.

En la antigua Roma, los tiburones formaban parte de algunas formas artísticas relacionadas con la pesca, como en los dos mosaicos encontrados en Pompeya (siglo II a. C.) y en los dos mosaicos de la catedral de Aquileia (siglo IV d. C.), donde estilizadas rayas eléctricas comunes (*Torpedo torpedo*) comparten espacio con otros animales marinos.

Avanzando en el tiempo, en la Edad Media, los tiburones se comienzan a visualizar como monstruos marinos. En las pinturas suelen aparecer bajo las embarcaciones, como esperando a que algún infortunado marino se caiga a las oscuras aguas repletas de peligros. Se establece así una equivalencia entre el mundo de los vivos (quienes están sobre la barca) y el inframundo, habitado por tiburones que actúan como anfitriones de una casa donde nadie quiere estar.

Un ejemplo de ello es la pintura de "Jonás tragado por un monstruo marino" que figura en el *Libro de Horas* de René II, duque de Lorena, un manuscrito del siglo XV. Otra pieza relevante del siglo XV es la de *Olivier de Bourges luchando contra el diablo del mar*, que muestra un gran tiburón que acecha un barco de los cruzados con destino a Tierra Santa, aunque tal vez lo que pretende mostrar el autor es a los cristianos luchando contra la maldad.

En el siglo XVII se detecta un cambio de tendencia en la manera como se representa a los tiburones a través de la pintura de Marco de Coro de estilo barroco. Aquí podemos ver representados dos tiburones costeros, una pintarroja (*Scyliorhinus canicula*) y una musola (*Mustelus* spp.) en un mercado de pescado.

En esta época ya se había comenzado la colonización del "Nuevo mundo" por parte de Occidente. Eran los tiempos de los grandes viajes transoceánicos, y también de los inicios del comercio de esclavos africanos a América. Los barcos esclavistas eran máquinas de opresión, diseñadas no solo para transportar seres humanos, sino para producir y mantener una jerarquía racial que garantizaba la supremacía de los colonizadores.

Es conocido que muchos esclavos y algunos marineros eran arrojados al mar por diferentes motivos, seguramente no del todo justos. Estas atrocidades fueron recogidas, por ejemplo, en el óleo *The Slave Ship* en 1840, el cual se exhibe en el Museo de Bellas Artes de Boston. Estas imágenes, muchas veces reforzadas por leyendas populares, han contribuido a alimentar la deriva social de temor hacia los tiburones existente en la actualidad.

Actualmente son numerosas las expresiones artísticas que de alguna manera tienen relación con los tiburones. Entre ellas está también la música.

El tiburón como símbolo en la música contemporánea

La música ha acogido a los tiburones en su seno y la ha transportado a los diferentes estilos a través de la historia. Cuando se trata de hablar sobre música relacionada con los tiburones, tenemos que comenzar inexorablemente por la obra maestra de John Williams, que sin temor a equivocarnos contribuyó decisivamente a que *Tiburón* se convirtiese en el éxito de culto que sigue siendo hoy en día.

La banda sonora fue grabada en marzo de 1975 y fue galardonada con el Oscar, el Globo de Oro y el Grammy; además, fue clasificada como la sexta mejor banda sonora por el American Film Institute. Nada mal para la música de una película donde el protagonista es un tiburón. Se dice que cuando Williams le mostró su idea a Spielberg, tocando solo las dos notas en un piano, Spielberg se rio, pensando que era una especie de broma. Después de escuchar las notas tocadas de nuevo y a diferentes velocidades, el entonces joven director se dio cuenta de la fuerza que tenían y terminó aceptándolas entusiasmado, admitiendo que "a veces las mejores ideas son las más simples". El tema principal es un ostinato, un patrón simple que repite las secuencias de las notas mi y fa, que, al estar separadas por el intervalo de un semitono, crean una sensación de tensión y peligro. De hecho, muchas personas sienten pánico a los tiburones con solo escuchar esta canción.

La música relacionada con tiburones, salvo algunas excepciones, está vinculada a canciones de diferentes géneros. Y aunque no lo creamos, hay muchísimas más de las que nos imaginamos. Posiblemente una de las que más llame la atención sea la canción *Tiburón* (1995), de la banda argentina El Otro Yo.

No obstante, canciones en español no hay muchas. Curiosamente la mayor parte de las canciones son bailables, muchas de ellas bastante populares. Posiblemente la primera canción de tiburones realmente conocida se gestó en 1965 y fue creada por el cantante mexicano Mike Laura. Ya en esos años Mike utilizó la figura de un tiburón, como una amenaza para que una chica saliese del agua en dirección a sus brazos.

Los tiburones son depredadores, y tal vez en esta circunstancia se inspiró Proyecto Uno para montar una de las canciones de discoteca más clásicas: "Ahí está, el tiburón... se la llevó, el tiburón, el tiburón". Este *hit* de los noventa fue proclamado por la revista *Rolling Stones* como una de las 25 canciones latinas más influyentes de todos los tiempos, fue creada en una versión de merengue y después versionada por el cantante dominicano Henry Méndez. Otra canción bastante popular es *Tiburón* de Rubén Blades y Willie Colón. En otro contexto musical podemos situar a la actriz y cantante mexicana Laura León, con su canción *El Tiburón* de 1994. Lo mismo que la canción de Ricky Martin *Tiburones*.

Canciones en inglés hay muchísimas y posiblemente lo mejor sea elegir algunas canciones populares de diferentes años. Porque el fenómeno tiburón en las canciones ya merece, al menos, otro libro.

Comenzamos por la canción *Mack the Knife*, compuesta por Kurt Weill con letra de Bertolt Brecht para la obra de teatro *La ópera de los tres centavos* en 1928. Aunque se hizo realmente conocida cuando fue interpretada por Bobby Darin, un famoso cantante y actor estadounidense, en 1959. Si bien en la canción el tiburón no es el protagonista, las primeras líneas podrían evocar a un tiburón toro (*Carcharias taurus*), una especie que suele aparecer por la costa este de Estados Unidos.

Posteriormente, en el año 1976 la banda estadounidense de pop-rock Blondie en la canción *A Shark in Jets Clothing* describe un arriesgado romance entre personas de bandas opuestas.

En 1980, el grupo neozelandés Split Enz publica la canción *Shark Attack* en la que aparece nuevamente el tiburón. Si os gusta el metal, *Fast As a Shark* de Facts About es una canción digna de escuchar.

Y así llegamos a los noventa donde a nuestro parecer surge una de las mejores canciones de tiburones desde el punto de vista musical, *Sharks Patrol These Waters*. También hay otros grandes temas como *Sharks Can't Sleep* de Tracy Bonham, *A Swim with the Sharks* de Powerman 5000 o *Hammerhead Shark* de David Lee. Probablemente fue la mejor década para las canciones de tiburones.

En los 2000 las canciones de tiburones siguen escuchándose. Destaca *Sharks Are Circling* de la banda británica The Courteeners. En estos años surge el tema *The Shark Fighter* del grupo The Aquabats.

Y llegamos a un exitazo, *Baby Shark*, inicialmente titulada *Kleiner Hai*, popularizada en 2006 y donde no era tan adorable como su versión coreana. De hecho, se ajusta un poco más a la película *Tiburón* y cuenta la historia de un tiburón que crece y se come a un nadador. Pero quien la popularizó realmente fue la marca educativa surcoreana Pinkfong. Esta empresa ha logrado que sea la canción más reproducida en YouTube con más de 16 mil millones de reproducciones.

En el caso de *Baby Shark*, el tiburón no es una amenaza, sino que pasa a convertirse en un símbolo lúdico, repetitivo y reconfortante. Esta infantilización del tiburón provoca un fuerte contraste con todo lo que hemos visto históricamente, hay una normalización del animal. Con sus imperfecciones, *Baby Shark* logra acercar el tiburón a las personas sin provocar temor.

Es importante resaltar que la música, incluso en sus formas más populares y virales, puede contribuir a redibujar la línea entre el peligro, la amenaza, el terror y el juego. Una opción que deberíamos considerar en la divulgación científica de tiburones.

Los tiburones en el séptimo arte

La relación entre los tiburones y las expresiones creativas ha estado marcada por el temor, el drama y la fascinación. Pero si hay un arte que ha logrado consolidar la figura del tiburón como símbolo cultural ese ha sido el cine.

Quizás ninguna otra obra haya contribuido tanto a moldear la percepción pública de los tiburones como *Tiburón*, una película que marcó un antes y un después en la cinematografía. Fue revolucionaria en todos los sentidos, especialmente en el cine de terror y en el aspecto de *marketing*.

En la película, el tiburón es retratado como un asesino vengativo, convirtiendo a estos animales en supuestos depredadores de humanos, lo cual está muy lejos de la realidad. En ese sentido, la película logra que la ficción se imponga sobre la razón, lo que manifiesta la influencia del cine en la percepción de la naturaleza.

Tras su estreno, el miedo irracional hacia los tiburones se disparó, provocando auténticas masacres en Estados Unidos durante las décadas de 1970 y 1980. Incluso especies como el tiburón blanco, fueron cazadas como trofeo, algo común hasta hace algunos años. A raíz de todo ello, Benchley se arrepintió de haber escrito su novela y se volvió activista por la conservación de estos animales. Pero también como consecuencia de esta obra cinematográfica muchos biólogos nos acercamos con curiosidad al mundo de los tiburones.

Después del *Tiburón* de Spielberg la explotación de los tiburones en el cine se hizo masiva, algo que en inglés denominan *sharksploitation* y que no siempre ha ido de la mano con la calidad del producto.

Con presupuestos diversos, el cine siempre ha encontrado la manera de ofrecernos una dosis de tiburones. Una de las primeras producciones fue *Killer Shark* de Budd Boetticher en 1950. Una película estadounidense de bajo presupuesto, filmada en blanco y negro, en la que un niño se une a su padre para pescar tiburones.

Otra cinta interesante es *Sharks*, dirigida por Samuel Fuller en 1969, la cual destaca por el uso de tiburones reales de una manera bastante arriesgada, hasta el extremo de que uno de los especialistas, José Marco, murió de una mordedura mientras luchaba con uno de ellos. El suceso se utilizó para promocionar la película y cambiar el nombre original de *Caine* a *Sharks* para atraer más público a las salas. Quizás sería el primer esbozo de una explotación masiva de los tiburones en el cine.

Así, en 1976 se estrena *Mako: The Jaws of Death*, dirigida por William Grefe, novedosa hasta cierto punto porque trata de un estudioso de los tiburones que aprende a comunicarse con ellos. Independientemente de la calidad de la película, el argumento principal dejaba un poco a un lado el tópico de los tiburones como asesinos despiadados. Sin embargo, con el tiempo se supo que durante la producción se asesinaron unos cuantos tiburones para generar muchas de las tomas. Algo similar ocurrió en *Sharks' Treasure,* dirigida por Cornel Wilde en la misma época, el año 1975.

Mientras tanto, se sucedían numerosas producciones temáticas similares a *Tiburón*, como *Orca* (1977), *Piraña* (1978) o *Cocodrilo* (1979), hasta que aparece *Tiburón 2*, dirigida por Jeannot Szwarc en 1978. Esta película no tuvo tanto éxito. Pero lo que, sin duda, no era necesario hacer, fue la tercera parte, *Tiburón 3D*, en 1983. Aquí la saga pierde su esencia y se ve supeditada a una tecnología revolucionaria para ese momento. La cinta de Joe Alves fue ampliamente criticada por su trama predecible, sus efectos especiales mediocres y su falta de originalidad. En el año 1987 regresa la secuela con la cuarta entrega *Tiburón: La venganza (ahora es personal)*. Si las partes anteriores hacían ciencia ficción, esta cuarta pieza ya desborda incluso lo inverosímil.

En los ochenta y noventa también aparecen algunas producciones de bajo presupuesto como *Night of the Sharks* y

Deep Blood en 1989 o *Cruel Jaws* (traducida aquí como *Tiburón 5*) en 1995. Después de esto, la atención hacia los escualos no regresa hasta 1999 con *Deep Blue Sea*, dirigida por Renny Harlin.

En *Deep Blue Sea* se incorporan nuevos conceptos: aquí el tema central son los tiburones inteligentes. Comienza a vislumbrarse un cambio en la narrativa, ya no es el "ser natural demonizado", ahora se trata el tema de la manipulación genética y cómo los científicos se saltan algunos patrones éticos, lo que da alas a la imaginación de muchos directores en el futuro.

Después, el género no tuvo grandes lanzamientos para la pantalla grande y empezaron a proliferar las películas de tiburones hechas directamente para televisión o vídeo doméstico, con presupuestos bajos, argumentos absurdos y efectos especiales, por decir algo, curiosos. En esta época aparece una productora de cintas de bajo presupuesto, Asylum. En el año 2009 ve la luz *Megatiburón contra pulpo gigante* del director Jack Pérez, donde todo es exageración sin medida, con animales que miden casi cien metros, muerden aviones y destrozan el Golden Gate como si fueran patatas fritas. Esta cinta tuvo tal aceptación que los productores continuaron la saga con *Megatiburón contra crocosaurio* (2010), *Megatiburón contra mechatiburón* (2014) y *Megatiburón contra Kolossus* (2015).

Al parecer, para Asylum, que haya un tiburón de cien metros dándose una vuelta por San Francisco debió de parecerles muy poca cosa y crearon *El ataque del tiburón de dos cabezas*, dirigida por Christopher Ray, donde con dos cabezas la bestia ya podía arrasar con cualquier persona que se le cruzase por el camino con mayor eficacia y crueldad. Porque, claro, había que mantener entretenida a la audiencia. Y al parecer lo lograron, por lo que consideraron que había llegado el momento de sumar cabezas. Y así surgieron *El ataque del tiburón de tres cabezas* (2015), *El ataque del tiburón de cinco cabezas* (2017) y *El ataque del tiburón de seis cabezas* (2018).

Sin embargo, había algo que faltaba, los productores necesitaban más tiburones. Seguramente estaban en ello cuando se les ocurrió una genialidad: ¿por qué no hacer un tornado de tiburones? Y así crearon *Sharknado* (2013), dirigida por Anthony Ferrante, y el sueño se hizo realidad. Una película que solo buscaba entretener a través de una trama delirante: un tornado que arrancaba a los tiburones del océano y los arrojaba sobre San Francisco, ahora es considerada de culto. La proyección tuvo tal éxito que se creó la secuela más famosa después de la de emblemática *Tiburón*, *Sharknado 2: El regreso* (2014), *Sharknado 3* (2015), *Sharknado: Que la 4ª te acompañe* (2016), *Sharknado 5: Aletamiento global* (2017) y *El último Sharknado: Ya era hora* (2018), cada una más delirante que la anterior y con cameos de grandes celebridades.

En paralelo, surgieron creaciones con un enfoque algo más serio (lo cual no era tan complejo), como *Infierno azul* (2016), dirigida por Jaume Collet-Serrauna. Esta es una producción minimalista, donde un tiburón blanco comparte protagonismo con Blake Lively, quien intenta sobrevivir en unas rocas cercanas a la playa.

De similares características es *A 47 metros* (2017), dirigida por Johannes Roberts, donde dos hermanas son invitadas a bucear en una jaula para ver tiburones, el cable se rompe y el resto es la historia de cómo sobrevivir rodeada de estos depredadores.

Pero si hablamos de cosas alejadas de la realidad esa es *Meg* (2018), dirigida por Jon Turteltaub. Una producción de alto presupuesto con Jason Statham enfrentándose a un megalodón, basada en la novela de Steve Alten. Esta película seguramente es la responsable de que en las charlas nos pregunten habitualmente si el megalodón existe, la respuesta es conocida: se extinguió hace aproximadamente 3,6 millones de años.

Hoy, los tiburones en el cine ya no solo muerden: vuelan, rugen, cruzan dimensiones, resucitan y hasta se aparecen como los fantasmas. Pero cuanto más inverosímiles se vuelven sus representaciones, más necesario es volver a mirar al tiburón real, pero no a una especie determinada, sino a la totalidad de las más de 560 especies que se han descrito. Al tiburón que está sometido a múltiples amenazas antrópicas, a ese tiburón cuyas poblaciones disminuyen cada vez más y que no necesita de este tipo de mensajes y caracterizaciones. Existe un simbolismo transversal, casi exclusivamente negativo. Tal vez haya llegado el momento de salir del laboratorio y transmitir más certezas acerca de los tiburones. Artistas y científicos deben trabajar juntos para evitar su desaparición. Mediante esta unión seguramente se podrán crear nuevos constructos en torno a la imagen del tiburón. Nuevas historias, nuevas posibilidades, una nueva visión.

CAPÍTULO 10

Derribando mitos sobre los tiburones y curiosidades

A lo largo de la historia se han sucedido informaciones no contrastadas que se van repitiendo hasta que se vuelven verdades para muchos. Cuando se trata de tiburones, hemos llegado al extremo de que muchas de las cosas que se dicen probablemente sean falsas. Las películas, las noticias y las redes sociales, con su inmediatez, han tejido un relato que dista mucho de la realidad. Ha llegado el momento de aclarar las cosas.

En este apartado nos hemos propuesto desmontar un buen número de estos bulos, a través de una serie de afirmaciones y respuestas cortas. Estas afirmaciones proceden de las preguntas que el público suele plantear en nuestras charlas y conferencias. Esperamos que os ayude a disipar algunas de vuestras dudas.

Mitos sobre su existencia y peligrosidad

El megalodón aún sigue vivo
Falso. Este tiburón prehistórico se extinguió hace 3,6 millones de años. El hecho de que salgan más películas sobre megalodones no hace más real este mito, "aunque os guste Jason Statham".

Todos los tiburones matan personas
Falso. Ya hemos visto que hay alrededor de 560 especies de tiburones y los involucrados en incidentes con personas son solo siete, y generalmente debido a algún tipo de error. En promedio, se registran menos de diez muertes por esta causa en todo el año y en todo el mundo. Si realmente los tiburones fuesen unos asesinos o unos devoradores de seres humanos, seguramente quedarían menos bañistas en el agua.

Los tiburones atacan a humanos para comerlos
Falso. Las personas no forman parte de la dieta de los tiburones. Ellos se alimentan de especies marinas como peces, moluscos y crustáceos y, en algunos casos, de mamíferos marinos. Si se quisieran alimentar de nosotros, seguramente no podríamos escapar fácilmente de ellos. La velocidad máxima de natación alcanzada por el ser humano es poco más de 8 km/h, la de algunos tiburones puede llegar hasta los 70 km/h.

Si sangras, un tiburón te atacará inmediatamente
Falso. Los tiburones ciertamente son capaces de detectar pequeñas concentraciones de sangre de sus presas, pero el ser humano no es una de ellas. No es necesario ser tan antropocéntricos, los humanos no formamos parte de sus preferencias alimentarias.

Los ataques de tiburón son cada vez más frecuentes
Falso. Los incidentes con tiburón no han aumentado; es más, durante el año 2024 las mordeduras de tiburón incluso descendieron significativamente. Aunque aumenten las noticias y los medios digitales que se hacen eco de ellas, no suben los incidentes.

Matar a los tiburones protege a los bañistas
Falso. Matar tiburones puede producir grandes cambios en los ecosistemas. Se han realizado grandes eliminaciones en diferentes partes del mundo para evitar las pocas interacciones

que existen. El resultado: sigue habiendo los mismos pocos casos de siempre, lo que deberían reducirse son las noticias sensacionalistas.

Diversidad y biología

Los tiburones son todos grandes depredadores

Falso. En primer lugar, por lo que respecta al tamaño, más de la mitad de los tiburones no superan el metro y medio de longitud total, y algunos, como el tiburón enano (*Etmopterus perryi*), ni siquiera alcanzan los 30 cm. En segundo lugar, en cuanto a la alimentación, no todos son carnívoros cazadores, tenemos hasta tiburones filtradores. En definitiva, olvidémonos del depredador hambriento y sediento de sangre.

Los tiburones son depredadores solitarios

Falso. Hay tiburones que se agrupan para realizar migraciones o reproducirse, como los tiburones martillo (*Sphyrna* spp.), los peregrinos (*Cetorhinus maximus*) o los tiburones limón (*Negaprion brevirostris*), entre otros. Efectivamente, podríamos decir que muchos tiburones tienen compañeros de viaje.

Los tiburones no tienen esqueleto

Falso. Lo que no tienen los tiburones son huesos, pero sí que tienen esqueleto y está formado por cartílago. Un esqueleto siempre va bien para protegerse, sobre todo de algunos impactos del ser humano.

Los tiburones no tienen cáncer

Falso. Sí, lo padecen; esto se sabe desde hace muchos años, aunque son más resistentes a algunos tumores que otros animales. Se han detectado tumores en al menos 23 especies, incluyendo el tiburón blanco (*Carcharodon carcharias*). Así que si estabas tomando un poco de cartílago de tiburón como preventivo, ya lo puedes dejar de comprar.

Los tiburones tienen cerebros simples 'de pez'

Falso. Los tiburones tienen cerebros complejos. De hecho, algunas especies pueden aprender a través de la observación. Esta idea hace mucho tiempo que se ha desmentido. Aunque hay que reconocer que la Dory de *Buscando a Nemo* ha engañado a mucha gente.

Adaptaciones y sentidos especiales

Los tiburones martillo usan su cabeza para golpear

Falso. Los tiburones martillo (*Sphyrna* spp.) han desarrollado este tipo de cabeza para mejorar su visión y su capacidad de electrorrecepción, así como su maniobrabilidad. El agua es 800 veces más densa que el aire, por lo que ahí abajo es difícil martillar, por si a alguno se le había pasado por la cabeza.

Los tiburones no emiten sonidos

Falso. Hay una especie que sabemos que emite sonidos, la musola tigre o musola manchada (*Mustelus lenticulatus*). De las rayas, sus primos taxonómicos, se pensaba lo mismo y cada vez se descubren nuevas especies que emiten sonidos. Ya llegará el momento de saber para qué los utilizan.

Los tiburones necesitan nadar constantemente para respirar

Falso. No todos necesitan mantenerse nadando para respirar, solo los tiburones pelágicos, que son minoría dentro del grupo de los tiburones. Muchas otras especies pueden descansar sobre el fondo y respirar usando sus espiráculos. Podríamos decir que este grupo sí que puede hacer dos cosas a la vez.

En conclusión, estamos ante un grupo de peces tan extraordinario como diverso. Muchas de las cosas que nos encontramos constantemente en las noticias y redes sociales forman parte más de mitos que de la realidad. La realidad es que los tiburones presentan curiosidades únicas que vale la pena explorar. Cuanto más descubrimos sobre ellos, más sorprendentes resultan. Ahora que hemos despejado la niebla de los bulos y disipado al menos una buena parte de vuestras dudas, es hora de mirar de cerca aquello que sí es verdad... que es aún más fascinante que la ficción.

Curiosidades de los tiburones

Los tiburones presentan una gran diversidad de especies y se han adaptado a multitud de ambientes, lo que los hace realmente sorprendentes.

Curiosidades de la piel
Los dentículos dérmicos reducen la fricción con el agua al nadar y han inspirado trajes de baño olímpicos. Algunos, como el traje Fastskin, dieron lugar a una cantidad impresionante de medallas en una disciplina donde antes de este traje no se habían hecho grandes avances tecnológicos.

Cambian la temperatura del cuerpo a su antojo
Algunos, como los tiburones zorro, presentan endotermia regional, lo que significa que pueden calentar determinadas zonas de su cuerpo para que consigan funcionar en aguas más frías, como las que pueden encontrarse a grandes profundidades. Eso sí, es poco probable que esto les ayude a adaptarse a los cambios en las temperaturas del océano que estamos viendo estos últimos años.

Visión en 360 grados
Los ojos del tiburón martillo están situados en los extremos de su cabeza y le pueden dar una visión en 360 grados. Si en algún momento os encontráis cerca de un tiburón martillo, que sepáis que siempre os estará viendo, pero no os preocupéis, le gustan más las rayas.

Sensores de electricidad

Los tiburones son capaces de detectar campos electromagnéticos débiles como los emitidos por un pez bajo la arena, y esto lo consiguen gracias a las ampollas de Lorenzini. Si los tiburones no nos ven, siempre nos podrán sentir.

El vertebrado más longevo del planeta

El animal vertebrado más longevo del planeta es el tiburón de Groenlandia (*Somniosus microcephalus*), que puede alcanzar los 400 años de edad. Ya se están haciendo estudios para conocer el secreto de su longevidad.

Los tiburones pueden entrar en trance

Al tocar las ampollas de Lorenzini y voltear un tiburón, este entra en un estado de trance llamado inmovilidad tónica. No lo intentéis en casa, tampoco en el mar (nunca está de más recordarlo).

Se puede conocer la edad de un tiburón a través de sus vértebras

Las vértebras contienen anillos de crecimiento concéntricos de bandas opacas y translúcidas. Estos pares de bandas se cuentan igual que los anillos de un árbol, generalmente cada par es un año, si bien esto puede variar entre especies. ¡Imaginad ser el científico encargado de contar los anillos en el tiburón de Groenlandia! Aunque ya se han inventado nuevas formas de evitar esta ardua labor, los científicos siempre encontrando maneras de no quedarse ciegos bajo un microscopio.

Las huellas dactilares del tiburón ballena

Hay muchos elasmobranquios que tienen patrones únicos de color y de manchas. Es el caso del tiburón ballena. El patrón de manchas de este gigante del mar se utiliza para identificar los diferentes individuos, como si fuese una huella dactilar. Quizás a los que también habría que identificar es a quienes pasan encima con sus embarcaciones, causándoles heridas profundas con sus hélices.

Tipos de dientes
Cada especie de tiburón tiene formas dentales diferentes: dientes planos, aserrados, en forma de aguja, triangulares y también combinaciones de estas. Incluso, hay tiburones que en la mandíbula superior tienen dientes de un tipo y en la inferior, de otro (esto en ciencia lo conocemos como dimorfismo dentario). Algunas especies incluso tienen dientes que no son funcionales. No importa el número, sino su función.

Numerosos dientes
En promedio, los tiburones tienen entre 50 y 300 dientes dispuestos en hasta 10 filas. Dado que hay reemplazo continuo, se cree que pueden llegar a tener más de 30.000 dientes durante toda su vida. *Grandma shark* os ha engañado.

La reproducción de los tiburones
Los tiburones presentan una gran diversidad en las maneras de reproducirse; hay tiburones que ponen huevos (ovíparos) y otros que paren directamente al exterior una o más crías vivas (vivíparos). Han tenido millones de años para perfeccionar, o al menos experimentar, sus estrategias reproductivas.

Partos sin la presencia de machos
Hay tiburones que pueden realizar partenogénesis y tener crías sin la necesidad de un macho. Si lo estáis pensando, efectivamente, hay otras especies que lo hacen; los seres humanos "no" somos capaces.

Los tiburones también duermen
Diversos estudios científicos han encontrado en los tiburones patrones de descanso similares a los nuestros. Ellos no tienen párpados como los del ser humano, por lo que obviamente no cierran los ojos; sin embargo, entran en estados de reposo donde su actividad y metabolismo se reducen, incluso pueden hacerlo mientras nadan. Nunca sabréis si un tiburón está durmiendo o no; esperemos que no tengan pesadillas.

Tiburones que caminan

Hay tiburones como la pintarroja colilarga ocelada (*Hemiscyllium ocellatum*) que usan sus aletas para desplazarse sobre el fondo o fuera del agua como si caminaran. Pero ojo, por si alguno lo piensa o lo ha visto en alguna película, los tiburones no te vendrán a buscar a casa, mucho menos estos que no pueden ni subir escalones.

El principal depredador de tiburones

El principal depredador de los tiburones no es otro que el ser humano. Se calcula que cada año se matan entre 100 y 300 millones de tiburones. ¿Quién debería temer a quién?

Conocer la verdad de los tiburones es el primer paso para conservar sus poblaciones, no podemos conservar lo que desconocemos. Cuanto más sabemos de ellos, más claro queda lo injustificado de su mala fama. Es probable que el miedo infundado se esté transformando en su peor depredador.

CAPÍTULO 11

Tiburones amenazados

Resulta sorprendente que después de más de 400 millones de años que llevan los tiburones en nuestros océanos tengamos que escribir acerca de las amenazas a su supervivencia. Los tiburones fueron capaces de sobrevivir a extinciones masivas, glaciaciones y a la deriva de los continentes, donde fueron perfeccionando su modelo hasta convertirse en uno de los depredadores más dominantes en la historia evolutiva. Sin embargo, hoy se enfrentan a la que puede ser su mayor amenaza: el humano. Durante años hemos aprendido a temerlos, a ver su aleta dorsal como sinónimo de peligro. Pero esta historia no es real, es una ilusión cultural. La paradoja es cómo un animal tan temido se ha convertido en uno de los mayores grupos en peligro de extinción debido al ser humano. Cómo un cazador acabó convertido en cazado.

Principales amenazas

La creciente demanda de los mercados ha impulsado una pesca dirigida y sostenida que ha diezmado las poblaciones de tiburones en las últimas décadas. Esta explotación es multifacética y está enfocada a diferentes productos.

Pesca dirigida, el cazador cazado: en todo el mundo, los tiburones son capturados por pesquerías industriales, artesanales y recreativas.

Probablemente, el sector que más dinero mueve es el de las capturas dirigidas de tiburones por sus aletas, aunque en algunas regiones también se pescan por su carne.

Aunque en los tiburones también se aprovecha el cartílago para usos supuestamente farmacéuticos, y el hígado, rico en aceite de escualeno. Del mismo modo, su piel, mandíbulas y dientes son utilizados como adornos y trofeos.

Puede que el mayor problema de la pesca dirigida sea que gran parte de las capturas no se registran ni se gestionan adecuadamente.

Pesca incidental, una amenaza invisible: la pesca incidental o *bycatch*, según la FAO, es la pesca accidental que puede utilizarse o no comercialmente, por tanto, incluye las especies no objetivo de la pesquería, que pueden ser descartadas o no. Se estima que el 50% de la producción mundial de tiburones se compone de aquellos capturados incidentalmente en las pesquerías de palangre pelágico, generalmente destinadas a atún o pez espada. Aquí los tiburones son atraídos por el cebo y suelen morir por falta de oxígeno antes de que se recojan los anzuelos.

Es posible que estos porcentajes estén subestimados ya que las tasas de descartes de otro tipo de pesquerías no siempre se cuantifican, como por ejemplo ocurre con las pesquerías de arrastre. Lo mismo sucede con las redes de deriva, que suelen estar prohibidas por su alto nivel de mortalidad. Las capturas accidentales y descartes rara vez se informan en las estadísticas pesqueras oficiales. De estas muertes algunos tiburones son comercializados y muchos otros son devueltos al océano, moribundos o sin vida.

Los tiburones mueren a menudo ahogados en redes o anzuelos destinados para otras especies, pero también mueren en cubierta. Esto sucede porque al subir la pesca se suelen priorizar las especies de alto valor económico dejando a muchas otras, incluidos tiburones, a merced de la desecación y las altas temperaturas, muriendo por estrés o ahogamiento.

En algunas zonas pesqueras, esto ha cambiado y, lejos de ser un "incordio", las capturas de tiburones como la tintorera o el marrajo generan una importante fuente de ingresos, e incluso se promueve el consumo de su carne a través de campañas en medios de prensa y redes sociales.

Degradación del hábitat, una amenaza que se extiende: los tiburones no solo mueren por acción directa de la pesca, también los lugares donde habitan están siendo degradados. La destrucción de hábitats costeros a través de las urbanizaciones, la acuicultura y la industria destruyen y modifican praderas marinas, arrecifes de coral y manglares. Estas son zonas de cría, de alimentación y de protección para diversas especies. También ocurre con pesquerías, como la de arrastre, la cual destruye los fondos volviéndolos inutilizables para presas y depredadores marinos.

Un gran problema que tiene lugar en los océanos es el de la contaminación. A menudo, los vertidos de productos químicos, metales pesados y derivados del petróleo se acumulan en los tejidos de los tiburones, lo cual puede debilitar su sistema inmunológico y afectar en su reproducción. Algo similar ocurre con los macro- y microplásticos, que son cada vez más abundantes, especialmente en las zonas más antropizadas.

Cambio climático, alterando las reglas del juego: sin duda el cambio climático está en el centro del debate global y no es porque se quiera hablar de ello, es una realidad científicamente comprobada. Según la NASA, la atmósfera se ha calentado de media 1,1 °C desde la época preindustrial, y se espera que supere los 1,5 °C en los próximos años. En un escenario de emisiones de gases invernadero muy altas, el IPCC (Grupo Intergubernamental de Expertos sobre el Cambio Climático) advierte que estos cambios pueden superar los 5 °C antes del año 2100.

Lo que tal vez para algunos puedan resultar solo números, para otros estas cifras entrañan una acumulación de factores que hacen difícil la vida de muchas especies y que pueden provocar grandes cambios. Los cambios de temperatura alteran las rutas migratorias y la distribución de tiburones y presas, desestabilizando los ecosistemas. Con el aumento de la temperatura, las aguas se vuelven más ácidas, dificultando la formación de estructuras de carbonato cálcico de sus presas o de especies formadoras de hábitats como los corales. Esto reduce la disponibilidad de presas para los tiburones y para los consumidores secundarios. Además, se ha documentado que la acidez puede influir en la formación de dientes de los propios tiburones y en su debilitamiento, impidiendo una correcta alimentación.

Otro gran problema es la expansión de zonas de bajo contenido de oxígeno, lo que reduce el hábitat disponible para especies que requieren altos niveles de energía, como la mayoría de los tiburones.

Percepción negativa, una licencia para matar: sin duda, la errónea narrativa popular en la que se los trata como "máquinas de matar" no ha ayudado en nada a la conservación de los tiburones. Bien al contrario, alimentado por las redes sociales y los medios digitales, ha contribuido a dibujar una percepción distorsionada de estos peces como "plagas" que en no pocas ocasiones ha permitido justificar la caza de especies de una enorme importancia ecológica.

La percepción negativa complica su conservación, ya que genera apatía e incluso rechazo a medidas para proteger sus poblaciones.

Es difícil movilizar a una sociedad que teme o desprecia a los tiburones. Los tiburones son un grupo clave para la regulación de los ecosistemas, para mantener la salud y el equilibrio de los océanos. La percepción negativa hacia ellos no ayuda en absoluto a que se sigan utilizando muchas especies amenazadas para fines comerciales y recreativos.

Usos e industria de productos derivados de los tiburones

En la economía actual de mercado y en economías de extracción primarias, muchas veces se tienden a priorizar los productos más valiosos para maximizar las ganancias y disminuir el esfuerzo. La pesca es una actividad económica primaria y, debido a capacidad limitada de almacenaje, los pescadores tienden a priorizar los desembarques de los productos más valiosos. Esto provoca que el enfoque se dirija a determinados productos, generando descartes indeseados que muchas veces sobrepasan el volumen de los productos comercializados.

Aletas: puede que sea el mercado más conocido de tiburones a nivel mundial, son un producto muy demandado en las últimas décadas, principalmente por los mercados asiáticos, que suministran a su principal consumidor, China. Estas aletas se obtienen en demasiadas ocasiones mediante métodos de crueldad difíciles de asimilar. El más conocido es el *finning* o aleteo: para no ocupar espacio de almacenamiento, los tiburones, una vez cercenadas las aletas, son devueltos al mar todavía vivos, donde, incapaces de nadar, terminan muriendo ahogados tras una larga agonía. Este método está prohibido en la Unión Europea, el tiburón solo puede comercializarse si llega con las aletas adheridas. Según los datos de la FAO de los últimos cinco años, las exportaciones de aletas de tiburón superan los 200 millones de dólares anuales y España participa con un 20% de estas exportaciones.

Carne: según los datos de la FAO, el comercio de carne de tiburón a nivel mundial está aumentando. España es el país que más pesca tiburones dentro de la Unión Europea, principalmente tintorera (*Prionace glauca*), aunque hay otras especies que suelen estar en la comida tradicional. El cazón en adobo es un plato muy apreciado por algunos consumidores, principalmente en el sur de España.

Se ha encontrado que al menos diez especies diferentes de tiburón se comercializan bajo la denominación de "cazón". Otros platos son el curadillo de Cudillero, en la zona de Asturias, principalmente elaborado con olayo (*Galeus melastomus*) y otros pequeños tiburones. También en Galicia es habitual el consumo de caella, en gallego, *quenlla*, nombres con que también se conoce a la tintorera o marrajo (*Isurus oxyrinchus*). En Canarias y Baleares es común el consumo de musolas (*Mustelus* spp.), llamados cazones o tollos en las islas Atlánticas y musolas en las islas del Mediterráneo.

Como se puede apreciar, el consumo de tiburón es importante en España. El uso de etiquetas generales como cazón, quenlla o caella para una gran variedad de especies hace que muchas personas no sepan diferenciar qué tiburón están comiendo y que ni siquiera sepan lo que están comiendo. El problema es que muchas de estas especies están en peligro de extinción.

El hígado y su aceite: el hígado de tiburón es ampliamente consumido en China y en otros sitios de Asia. Sin embargo, el producto principal es el aceite que contiene, rico en escualeno. Este compuesto es utilizado como adyuvante en vacunas, así como lubricante y regenerador en cremas para la piel. El escualeno también se puede conseguir por otras vías, por ejemplo, a través de las olivas, pero se obtiene principalmente de tiburones de profundidad, los cuales tienen un hígado muy grande, rico en lípidos.

Del hígado de tiburón también se extrae la escualamina, un esteroide con propiedades antibióticas que también se ha utilizado para tratar la degeneración macular asociada a la edad (DMAE). En los últimos años se está estudiando el uso de la escualamina y la trodusquemina para el tratamiento crónico de enfermedades neurodegenerativas.

En la Costa Brava, el aceite del cerdo marino (*Oxynotus centrina*) fue un remedio tradicional empleado para calmar el dolor y ayudar a la cicatrización. Lamentablemente, esta especie está en peligro de extinción y se encuentra protegida.

Es importante señalar que los productos de tiburón tienen altos niveles de metales pesados, por lo que su consumo no es recomendable, especialmente en niños y embarazadas.

Cartílago: se utiliza en suplementos pseudocientíficos que prometen curas milagrosas, como anticancerígenos, a pesar de que no existe ninguna evidencia científica que lo respalde. La idea de que el cartílago de tiburón puede prevenir el cáncer surgió a partir de un libro escrito en 1992, titulado *Los tiburones no contraen cáncer*, una idea que ya se ha demostrado que es falsa. Es más, el cartílago de tiburón no solo es inútil para combatir el cáncer, sino que puede resultar incluso perjudicial, puede contener altos niveles de beta-metilamino-L-alanina o BMAA, que se ha vinculado al desarrollo de enfermedades neurodegenerativas.

Piel y mandíbulas: la piel se curte para producir cuero de lujo, utilizado en carteras, cinturones, zapatos y otros accesorios. Mientras, las mandíbulas y dientes se venden como trofeos, recuerdos turísticos y objetos de decoración.

Del total de especies amenazadas que se comercializan en internet, más de la mitad pertenecen a partes de tiburones, la mayoría mandíbulas o dientes.

El uso de sus partes ha sido históricamente conocido, pero hoy el reto es que el valor de los tiburones con vida supere al de sus restos en el mercado.

El estado de las poblaciones de tiburones

Hemos visto que los tiburones están sometidos a grandes presiones y son explotados de manera directa e indirecta. Por lo que es de suma importancia llevar a cabo labores de evaluación y seguimiento. La UICN, a través de expertos, es el organismo que se encarga de ver el estado en el que se encuentran las diversas poblaciones de tiburones en el mundo.

Tiburones amenazados de extinción

En el año 2025, la UICN ha evaluado 548 especies de tiburones, de las que 35 (6,4%) están en peligro crítico de extinción. Entre ellas se encuentra el angelote (*Squatina squatina*). Sus principales amenazas son el desarrollo residencial y comercial, la pesca directa e indirecta y las actividades recreativas que se están realizando en sus hábitats. Aún permanece en las retinas el ataque con arpón que recibió un angelote por parte de un futbolista en Canarias, lo que demuestra el poco conocimiento que se tiene de este grupo de especies.

El cazón es una captura incidental que se descarta en algunas pesquerías, pero se retiene en otras. Aún se consume en el Atlántico nororiental, mientras que en el Mediterráneo español prácticamente ha desaparecido. Precisamente, es la pesca su principal amenaza. Quizás es recomendable replantearse el consumo de cazón o al menos mejorar la trazabilidad de lo que muchas personas consumen bajo la etiqueta de "cazón".

Otro tiburón que se encuentra en peligro de extinción es el martillo o cornuda común (*Sphyrna lewini*). Al igual que el cazón, tiene como principal amenaza la pesca; es capturado de manera accidental en las pesquerías pelágicas de palangre. Es importante señalar que las aletas de tiburón martillo se encuentran entre las más comercializadas y preferidas para la sopa de aleta de tiburón. Una sopa de lujo no debería costar millones de años de evolución; tal vez sea el momento de dejar de lado estas tradiciones.

También se ha encontrado que 58 especies (10,6%) están en peligro de extinción. Entre ellas se encuentra el tiburón peregrino (*Cetorhinus maximus*), habitual de las costas españolas, sobre todo en primavera. Se encuentra amenazado principalmente por el tráfico marítimo. Actualmente no existen pesquerías dirigidas a esta especie, pero durante siglos fue capturado para obtener carne, aletas, piel, cartílago y aceite de su gran hígado. Aún es capturado accidentalmente y sus aletas son de las más cotizadas en el mercado negro.

Otra especie que se encuentra en peligro de extinción es el marrajo. Su principal amenaza es la pesca dirigida y accidental en pesquerías pelágicas comerciales y de pequeña escala con palangre. Se captura principalmente por su carne y aletas, y es de los tiburones con mayor valor comercial.

Dentro de este grupo también se encuentra el tiburón cerdo (*Oxynotus centrina*), uno de los tiburones más extraños por su insólito diseño corporal. Puede que esta curiosa forma, su nado pausado y su gran volumen sea una de las razones por las que es más susceptible de ser pescado accidentalmente. Aunque a menudo se descarta, en España se ha comercializado esporádicamente en los últimos años.

La UICN también ha evaluado 76 especies de tiburones como vulnerables (13,9%), 50 como cercanas a la amenaza de extinción (9,1%) y 253 como preocupación menor (46,1%). Otros 76 tiburones (13,9%) no se pudieron evaluar por no tener suficientes datos para conocer el estado de sus poblaciones.

Actualmente, del total de tiburones que habita en el mundo, un tercio está amenazado de extinción y muchas de estas especies habitan en España.

Es muy importante señalar que las evaluaciones de la UICN no son vinculantes, por lo que los países pueden establecer sus propias medidas y acoger o no estas evaluaciones dentro de su legislación.

Las especies protegidas en España

La legislación española, a través de la Ley 42/2007 del Patrimonio Natural y de la Biodiversidad, tiene como objetivos la preservación de la diversidad biológica y genética de las poblaciones y de las especies. Para ello crea el Listado de Especies Silvestres en Régimen de Protección Especial (LESRPE) y, en su seno, el Catálogo Español de Especies Amenazadas (CEEA). Su ámbito de aplicación es el territorio del Estado español y las aguas marítimas bajo soberanía o jurisdicción española, incluyendo la zona económica exclusiva y la plataforma continental.

El Real Decreto 139/2011 indica que "en el caso concreto de las especies incluidas en el Catálogo (CEEA), debe realizarse una gestión activa de sus poblaciones mediante la puesta en marcha de medidas específicas por parte de las administraciones públicas ". Esto quiere decir que, si una especie está en el LESRPE, el Estado no tiene obligación alguna de realizar un plan de gestión o conservación.

En concreto, España tiene en el listado (LESRPE) a 18 especies de tiburones y solo tres en el catálogo (CEEA). Solo siete se encuentran en LESRPE con protección en todo el territorio: los tiburones martillo (*Sphyrna* spp.) y los tiburones zorro (*Alopias* spp.). Diez especies para sus poblaciones del Mediterráneo: el cazón (*Galeorhinus galeus*), el tiburón blanco (*Carcharodon carcharias*), el marrajo (*Isurus oxyrinchus*), el cailón (*Lamna nasus*), el tiburón toro (*Carcharias taurus*), el solrayo (*Odontaspis ferox*) y el tiburón cerdo (*Oxynotus centrina*), además del angelote espinoso (*Squatina aculeata),* el pez ángel (*S. oculata)* y el angelote (*Squatina* spp.). Finalmente, el tiburón peregrino (*Cetorhinus maximus*) se encuentra en el LESRPE con sus poblaciones del Mediterráneo y el Atlántico ibérico.

Por otra parte, tal vez lo más curioso sea que solo tres especies de 75 están en el CEEA, básicamente las poblaciones de angelotes en Canarias: el angelote espinoso, el pez ángel y el angelote común.

De las que se han registrado en España, el 55% se encuentran amenazadas de extinción, por lo que es válido preguntarse: ¿qué pasa con el resto de especies? ¿Por qué no están en LESRPE o en CEEA? ¿Por qué no las protegemos? ¿Estamos a tiempo de implementar medidas de gestión?

Aunque España es uno de los países europeos con mayor tradición en el consumo de tiburón, a la vez alberga un número preocupante de especies en peligro crítico de extinción, cuya protección es más que nunca necesaria. Las comunidades autónomas también pueden avanzar en este aspecto y algunas ya han comenzado a dar pasos en esta dirección.

En los últimos años, la ciencia de tiburones en España está avanzando a un ritmo nunca antes visto y se están construyendo puentes entre la ciudadanía, los científicos y los gestores. El futuro de los tiburones dependerá en gran parte de nuestra capacidad para unir conocimiento, gestión y participación social.

CAPÍTULO 12

El futuro de los tiburones
y el papel de la ciencia ciudadana

Después de siglos de ser percibidos como recursos explotables y como una amenaza, los tiburones enfrentan hoy un punto de inflexión crítico en su larga historia evolutiva de adaptación.

La sobreexplotación pesquera y la degradación de los hábitats, impulsada por el comercio de aletas y el consumo de especies en peligro de extinción, han llevado a algunas poblaciones de tiburones al borde del colapso.

A pesar de este pasado, del presente emerge una luz basada en la evidencia de que es posible revertir el retroceso. En este momento se están generando el conocimiento adecuado y las herramientas de gestión necesarias para esta recuperación.

En Estados Unidos y Canadá la protección del tiburón blanco (*Carcharodon carcharias*) ha logrado que las poblaciones se recuperasen después de una fuerte caída en las décadas de los ochenta y noventa, provocada por la pesca y la caza indiscriminada.

De manera similar, el informe del Convenio sobre la protección del medio marino del Atlántico Nordeste (OSPAR) señala que algunas especies como el cazón (*Galeorhinus galeus*) o el alitán (*Scyliorhinus stellaris*) han mostrado señales de recuperación a corto y largo plazo en algunas zonas después de haberse tomado medidas para su gestión.

Estos éxitos, aunque parciales, prueban que cuando se les da un respiro se pueden recuperar y gestionar adecuadamente. La clave para replicar estos éxitos consiste en iniciativas con enfoque multidisciplinar y a varias escalas que garanticen la sostenibilidad de las poblaciones de tiburones y consideren a todos los actores.

Áreas marinas protegidas (AMP): son alternativas que promueven zonas donde los tiburones puedan alimentarse y reproducirse sin la presión pesquera. Las AMP actúan como zonas desde las cuales los individuos pueden repoblar áreas circundantes. Esta movilidad genera desafíos que se han de tener en cuenta para las especies que se desplazan grandes distancias, como la exposición de los individuos fuera de estas áreas. Más que crear grandes áreas difíciles de vigilar, la clave está en priorizar la calidad de la protección sobre la cantidad o el tamaño.

Una gestión pesquera basada en la ciencia: la implementación de medidas pesqueras se debe basar en el conocimiento científico, pero ha de ser participativa, todos los actores han de colaborar a la hora de establecerlas. Algunas recomendaciones pueden estar basadas en cuotas de pesca, tallas mínimas, artes más selectivas para reducir las capturas accidentales (*bycatch*) y en implementar protocolos que permitan la liberación de especies amenazadas de extinción tan pronto suban a bordo.

La cooperación: muchos tiburones son altamente móviles e ignoran las fronteras políticas, sean estas de carácter autonómico o nacional. La gestión de sus poblaciones exige acuerdos multilaterales y coordinación entre las diferentes administraciones tanto en aguas nacionales como internacionales. La colaboración entre los organismos encargados de la gestión y el flujo de información debe ser permanente en el caso de los tiburones, ya que muchas especies amenazadas tienen interés pesquero.

Una vez la ciencia ha proporcionado el diagnóstico, el futuro de los tiburones depende hoy del tratamiento y seguimiento que se ha de dar a través de decisiones políticas en colaboración con los usuarios y el resto de la sociedad.

Iniciativas y proyectos de protección

Iniciativas internacionales

Existen iniciativas a nivel internacional como la Convención sobre el Comercio Internacional de Especies Amenazadas de Fauna y Flora Silvestres (CITES), que regula el comercio transfronterizo para evitar que la explotación amenace la supervivencia de las especies entre las que se incluyen algunos tiburones como los martillos (*Sphyrna* spp.), el cailón (*Lamna nasus*) o el tiburón oceánico de puntas blancas (*Carcharhinus longimanus*).

La Convención sobre la Conservación de Especies Migratorias (CMS) es otro tratado ambiental internacional que protege a las especies que migran entre diferentes fronteras. Incluye asimismo a algunos tiburones migratorios como los zorros (*Alopias* spp.), el peregrino (*Cetorhinus maximus*) o la mielga (*Squalus acanthias*).

Estas convenciones son vinculantes, por lo que son de obligado cumplimiento para los países adheridos a ellas. Lo mismo ocurre con las decisiones de la Convención de las Naciones Unidas sobre el Derecho del Mar (CNUDM), la Comisión General de Pesca del Mediterráneo (CGPM) y la Comisión Internacional para la Conservación del Atún Atlántico (ICCAT).

Las áreas de importancia para tiburones (ISRA)

Quizás una de las iniciativas más importantes en los últimos años sea el establecimiento de áreas de importancia para tiburones y rayas (ISRA), impulsado por investigadores españoles y la UICN. La primera etapa, realizada en el Mediterráneo, estableció 65 ISRA, 14 de ellas en el Mediterráneo español

(20%), lo que da cuenta de lo importantes que son nuestras costas para los tiburones.

Mientras escribimos este libro se están estableciendo las áreas para el Atlántico oriental, donde existen hábitats esenciales para diferentes especies de tiburones, tanto en el Atlántico peninsular como en las islas Canarias

Aunque no son vinculantes, las ISRA constituyen un mapa de referencia clave para orientar futuras medidas de protección y gestión.

Como podemos ver, España no se queda atrás en este decisivo camino de la protección y conservación de los tiburones. Hay proyectos en marcha que lideran el camino hacia una correcta gestión y conservación de las especies más amenazadas a nivel nacional y autonómico.

Iniciativas nacionales

En el último año se creó por primera vez el grupo de especialistas de tiburones, rayas y quimeras de la UICN para España, donde participan los principales científicos de este país.

De la misma manera, desde hace algunos años, varias personas procedentes de diferentes ámbitos, preocupadas por el declive de los tiburones en nuestras aguas, se reúnen anualmente para participar en la Red Nacional de Elasmobranquios, un espacio que busca acercar miradas y mostrar las iniciativas que se están realizando a nivel nacional.

En la actualidad, varias ONG, fundaciones y grupos de trabajo están llevando a cabo proyectos multidisciplinarios enfocados en la conservación y gestión de tiburones.

Islas Canarias: hay varias asociaciones que tienen a los tiburones como prioridad en sus estudios. Destacan la Asociación Tonina, una de las precursoras en los trabajos científicos sobre el angelote realizados en Tenerife, Elasmocan, autores del primer estudio reproductivo de esta misma especie en la zona; y Condrik Tenerife, que se dedica principalmente al avistamiento y a la divulgación de los tiburones.

En las islas del Atlántico también se está llevando a cabo el proyecto colaborativo AngelShark Project, el cual, en colaboración con universidades, está realizando un seguimiento de las poblaciones de elasmobranquios en la zona.

Atlántico peninsular: en el Atlántico español hay varios grupos de investigación entre cuyas líneas de investigación de trabajo se encuentran los elasmobranquios. Entre ellos destaca el The.SHARK-RAY.map, con un proyecto multidisciplinar enfocado en pesquerías, genética y divulgación de tiburones.

Asimismo, cabe destacar la labor de la empresa de ecoturismo Mako Pako, que colabora con científicos para hacer seguimiento de las poblaciones de tiburones en sus zonas de actividad, además de llevar a cabo una valiosa tarea de concienciación que está ayudando a cambiar la oscura visión que mucha gente aún tiene de estos animales. Otras instituciones que realizan proyectos en el Atlántico son el CSIC (Consejo Superior de Investigaciones Científicas), AZTI (Centro de Investigación Marina y Alimentaria) y distintas universidades.

Mediterráneo: en el Mediterráneo español hay varios tipos de organismos apostando por los tiburones. Quizás la más activa sea la Fundación Marilles, que está trabajando con el grupo de especialistas en tiburones español de la UICN, además de colaborar con varias asociaciones que hacen proyectos de ciencia y divulgación en Baleares, como Save the Med, Med-Sharks y Asociación Cayume.

De modo similar, el WWF (World Wide Fund for Nature) se encuentra colaborando con algunas instituciones y universidades en el estudio de tiburones en el Mediterráneo español.

Otra asociación que viene trabajando desde hace años con tiburones es LAMNA. Su sede está en la Comunitat Valenciana y la mayoría de sus acciones están centradas en el Mediterráneo español. Realizan proyectos científicos y de divulgación de tiburones colaborando con la Fundación Azul Marino y la Fundación Oceanogràfic.

Finalmente está la entidad que reúne la mayor cantidad de personas trabajando con tiburones, CATSHARKS (Asociación para el estudio y la conservación de los elasmobranquios y sus ecosistemas). Este organismo, al que pertenecemos, está enfocado en producir y divulgar información científica para transformarla en medidas de gestión. Su sede está en Barcelona y realiza acciones tanto en el Mediterráneo como en el Atlántico español. Los diferentes enfoques, que van desde las asociaciones locales hasta las plataformas internacionales, enriquecen el trabajo. Cada iniciativa aporta un ladrillo a esta construcción común que es la conservación de los tiburones y sus hábitats.

Junto a estas instituciones, las universidades, el CSIC, las comunidades autónomas y el Estado, a través de los ministerios de Agricultura, Pesca y Alimentación, y para la Transición Ecológica y el Reto Demográfico, cumplen un rol primordial en la generación y recopilación de conocimiento para crear medidas de gestión efectivas a nivel nacional.

Toda esta generación de conocimiento no sería posible sin contar con los pescadores profesionales como los principales aliados. Un sector tradicional que ha sufrido el impacto de múltiples normativas y que, pese a ello, colabora cada vez más con investigadores en todo nuestro litoral.

El conocimiento empírico que poseen sobre el mar es extraordinario. Muchos de ellos participan en proyectos de marcaje, realizan liberaciones responsables de especies protegidas y colaboran con plataformas de ciencia ciudadana, fundamentales para la recopilación de datos.

Plataformas de ciencia ciudadana y educación: la base de la ciencia ciudadana y sus plataformas es la participación activa de los ciudadanos mediante la recogida y el suministro de información de primera mano a los científicos. Los voluntarios, al aportar datos, adquieren a su vez nuevos conocimientos y habilidades. Los investigadores utilizan estos datos siguiendo el método científico y juntos generan una base científica colaborativa y transversal.

En España existen dos importantes plataformas: la RedPROMAR en Canarias y Observadores del Mar en el resto de España. En estas plataformas se reciben reportes de tiburones que vienen de buceadores, pescadores y de la ciudadanía en general, y que son validados por científicos especialistas para su posterior publicación. Gracias a estas plataformas se pueden detectar los primeros cambios en la biología y ecología de las especies y se pueden establecer acciones, como por ejemplo los ISRA, donde estas plataformas fueron fundamentales.

Pero el flujo unidireccional no tiene sentido en la ciencia ciudadana, es aquí donde la educación y la concienciación han de ser claves para que generar un retorno. Algunos ejemplos de ello son las visitas por parte de los científicos a las escuelas, las charlas en zonas costeras y por supuesto la divulgación en redes sociales. Una herramienta que se ha demostrado que llega a gran parte de la ciudadanía.

Si se realizan estas acciones de una manera adecuada, se puede producir el cambio cultural necesario para conservar las poblaciones de tiburones.

La ciencia ciudadana y la educación ayudan a sustituir la narrativa del miedo y destrucción creada por Spielberg por una de respeto y de cuidado hacia los ecosistemas marinos y las especies que habitan en los océanos. Un Plan de Acción Nacional para España que coordine todas estas acciones ha de ser una prioridad para el Gobierno.

Sin embargo, no todo depende de las leyes, sino también de nuestra capacidad de aprender a convivir con ellos. Cada observación, cada acción de conservación y cada gesto contribuirán a mantener a nuestros guardianes de los océanos por millones de años más.

Bibliografía

BARRÍA, C. (2017): "Ecología trófica de tiburones y rayas en ecosistemas explotados del Mediterráneo noroccidental", tesis inédita, Barcelona, Universitat de Barcelona.

BARRULL, J. y MATE I. (2002): *Tiburones del Mediterráneo*, Arenys de Mar, El Set-Ciències.

CARRIER, J. C. *et al.* (eds.) (2022): *Biology of sharks and their relatives*, Londres, Routledge.

COMPAGNO, L. J. (2001): *Sharks of the world: an annotated and illustrated catalogue of shark species known to date*, vol. 1, Roma, Food and Agriculture Organization of the United Nations.

EBERT, D. A.; DANDO, M. y FOWLER, S. (2021): *Sharks of the world: a complete guide*, Nueva Jersey, Princeton University Press.

IUCN (2025): The IUCN Red List of Threatened Species. Version 2025-2, www.iucnredlist.org.

LLORIS, D. (2016): *Ictiofauna marina: manual de identificación de los peces marinos de la península ibérica y Baleares*, Barcelona, Omega.

MORENO, J. A. (1995): *Guía de los tiburones de aguas ibéricas. Atlántico nororiental y mediterráneo*, Barcelona, Omega, p. 310.

Títulos de la colección
¿Qué sabemos de?